克鲁格动物记

丛林中／一百万种／邂逅

沈梅华　张律　著

只要暂时走出日常生活的空间，
你很快就会发现，
自然世界并没有你想象中那么陌生。
我们仍然处于巨大的生命循环里。
不管我们离它多远，
总会不断被召唤回到其中。

上海科技教育出版社

U0397743

自序

好大一群狮子！十几只肚子吃得圆滚滚的狮子，正在我们面前睡得四仰八叉，像饼子一样摊在那里。这种懒洋洋的"扁狮"一般来说没什么好看的，但毕竟是这么大一个狮群，不拍个照总觉得有些可惜。于是坐在车上的我掏出了相机。

没想到手一滑，镜头盖掉在狮群边上了！

镜头盖落地的位置距离狮群只有几米距离，谁敢下车去捡啊？越野车司机想出了一个办法。他让旁边一辆车的司机帮忙，把车开到我们和狮群中间，在两辆车的掩护下，他打开车门去捡镜头盖。车上的我们则负责注意狮子的反应。

令人汗毛倒竖的是,刚才还睡得懒洋洋、软塌塌,对旁边的引擎声、人语声毫无反应的狮子们,就在司机的鞋底落到草地上的一刹那,齐刷刷地抬起了头！被十几双魄力十足的黄瞳盯着,简直让人汗如雨下。

原来,狮子只是对与自己无关的事情无动于衷,并没有失去身为捕猎者的警觉。吃得再饱、睡得再沉,只要一有潜在的猎物或敌人靠近,它们就能立刻进入战斗状态。

好在我们的司机只用了1秒钟就把镜头盖交还到了我手里。

就在那个瞬间,我意识到:镜头盖掉了还能捡回来,可我已经把心掉在非洲了,这可怎么办呢?

在非洲,人们把去丛林草原观赏动物叫"游猎"(Safari)——远道而来的旅行者,用镜头和目光"捕捉"动物。而人们在"游猎"的同时,也会被这片大地所俘获,恋恋不舍,甚至多次回到非洲。

我们两人从在南非的保护区工作,到作为自然向导带领更多人进入这片大地,和非洲结缘已经十几年了。在这段时间里,我们结识了很多有趣而可敬的导师,有幸和他们一起在动物的世界中经历了许多冒险。我们把这些故事记录下来,因为它们值得被看见。

沈梅华　怡律

2020年5月

目录

1 营地漫步非洲象

4 "但那里没有大象"

8 大胃王餐厅

10 星空床危机

14 会说话的"他"和"她"

2 躺下"诱捕"长颈鹿

22 原来真的可以?

26 长颈鹿夜访智人

30 不容乐观的生存现状

3 追踪狮群碰一鼻子灰

34 与狮群"打成一片"

38 抓个"王储"做人质

42 追踪大师"翻车"

4 被斑鬣狗舔脸怎么办

48 斑鬣狗牌"香水"

52 重口味睡前故事

54 草原部落打群架

5 热闹的丛林之夜

60 "平头哥"人狠话不多

64 土豚,你要挖洞到中国去吗?

68 豪猪难搞定

6 "彭彭"的真实生活

74 喂鸟引来"推土机"

78 丑八怪理直气壮

80 谁是最受欢迎的猎物

7 当犀牛遇上人类

86 赤着脚才追得上

90 超级近视眼

94 要角还是要命?

8 水牛与越野车顶牛

100 "给个面子啊,兄弟"

102 营地里的"瘾君子"

104 国家公园、保护区与牧场

9 忽隐忽现的豹

110 一个前轮换一次机会

114 拖把顶门有用吗?

10 翅膀与歌声

120 注意，密集住宅区

124 小脑袋的智力问题

128 向导们的"公主技能"

11 丛林游乐园

132 屎学家的养成

136 免费自助超市

12 游猎与盗猎狭路相逢

144 重合的天堂与地狱

146 该不该提供救命水源？

148 围网的建与拆

150 最危险的偶遇

13 羚羊的"足尖舞"

154 繁殖季节，生死纠缠

158 异类跳羚的悲剧

14 土狼之家

166 从死亡里诞生

172 新生命探索世界

176 离家"当老师"

181 后记

183 致谢

1

营地漫步非洲象

　　你如果问那些南非的自然向导最喜欢什么动物,他们十有八九会说,最喜欢非洲象。他们会告诉你一大堆与大象有关的故事,而且所有的人都会用"他""她"这样的人称代词来指代那些温柔巨兽。

"但那里没有大象"

我参加自然向导培训时，指导我的第一位导师叫马克。他结婚后移民去了德国，我们一直保持着联系。有一次，我问起他的近况，他说："德国什么都好，就是没有大象。"这不是我第一次听到这样的话了。训练营的另一位导师——非洲象专家冯在准备移民去瑞士前，也曾站在克鲁格国家公园马库莱基（Makuleke）地区最高的山巅上，望着雄伟的峡谷，无限惆怅地说："瑞士很好，但那里没有大象啊。"

在非洲任何一个保护区，非洲象都是如王者和智者般的存在。它们温和、聪明、危险、神秘。当你近距离看它们的时候，很难不被它们震撼。非洲象体型比亚洲象大，耳朵也明显比亚洲象大不少。薄薄的耳部皮肤占了它们全身体表面积的20%，成年象的耳朵表面积相当于一张单人床单。这是大象身上皮肤最薄的地方——和纸的厚度差不多，大而薄的耳朵既可以帮助它们在炎热的天气散热，也可以用来表情达意。我们看到的巨大象牙是上门齿，终生不断生长，主要用于对抗掠食者、和同类争斗，有时也用于折断树枝、移动重物或挖掘泥土。从象牙的磨损程度可以看出它的主人是左撇子还是右撇子。除了这副大牙之外，大象嘴里还有4颗重要的臼齿，这些臼齿在大象的一生中会换6次，最后一副磨损之后，大象便会因为无法咀嚼而营养不良、虚弱而死。不论哪个营地的向导都很熟悉自己保护区里的非洲象个体，他们可以通过象牙的磨损程度、耳朵上的破洞、甚至仅靠足迹来辨认它们。向导们说，非洲象也认识在营地长住的工作人员，甚至能区分越野车上的每一个学员。

保护区营地常有非洲"五大兽"出没。这"五大兽"指的是过去在非洲狩猎动物的西方人认知中，在徒步狩猎时可能遇到的五种最凶猛的动物，包括狮、豹、非洲（草原）象、（黑）犀和非洲水牛。但大象的举动与另外4种动物明显不同。它们不是迷茫地游逛、路过营地，也不是在好奇心的驱使下来窥探人类的生活，它们总是有很强的目的性，知道自己能做什么、不能做什么，似乎也很清楚自己与我们的关系。

南非生境

说到南非的生物群区（biome），很多人都以为主要是萨瓦纳稀树草原，但实际上并非如此。南非共有9种生境，其中大多数生境类型面积相差不大。我们原先工作的保护区属于卡鲁荒漠（Karoo），比稀树草原的降水量更少，属于介于萨瓦纳和沙漠之间的类型。虽然克鲁格国家公园大部分地区属于萨瓦纳稀树草原，但根据地形和地质的不同，也能分为好些生态区（ecozone），其中不仅有湿润的河谷、茂密的灌木林，还有由高大乔木组成的树林。

稀树草原上的河流是生命线

我在印度保护区里观赏动物时，很多印度向导都告诉我，大象非常危险——当然他们所说的是亚洲象。也许是因为生存环境恶劣、栖息地与人类生活区域重叠区域大的关系，亚洲象经常会破坏庄稼、攻击车辆与行人。而我们在非洲所遇见的非洲象，虽然个头比亚洲象大得多，却总是风度翩翩，尽可能地避免一切不必要的麻烦。向导们说，非洲象很有"人情味"，与它们交流，比和任何其他动物都要容易。在克鲁格国家公园北部的马库莱基营地，有一段时间频繁发生非洲象的头骨教具失窃事件，后来大家发现，这些头骨是被大象们用鼻子卷走带到野外去了——非洲象确实常常会移动同类的尸骨，当尸骨的主人是它们家族成员时，更会被它们额外关照，这种行为就和人类缅怀亲友差不多。

生态训练营营地的动物头骨标本

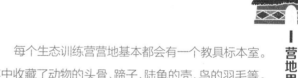

营地里的标本室

每个生态训练营营地基本都会有一个教具标本室。其中收藏了动物的头骨、蹄子、陆龟的壳、鸟的羽毛等。学生可以反复利用这些由老师统一收集的标本材料，减少大家各自采集对环境造成的影响。

和博物馆中精心制作的标本不同，捡来的标本总有些残缺。在野外，我们很少看到完整的动物遗骸。在食肉动物、食腐动物一茬一茬地啃、甚至"打包带走"之后，最后尸骨总是散落得东一块西一块，上面还常留有不同动物啃咬的痕迹。

这些捡来的标本可以用来辨析物种、讲解解剖结构、学习踪迹辨认。它是哪种动物？它是怎么死的？有哪些动物吃过的痕迹？它如何被分解？通过骨头上的痕迹，优秀的自然向导能构建出它从生到死的整个生态学脉络。每一个学员都可以自由地把玩和探索这些标本，查看细节，感受它们的重量。有了直观认识，很多知识就永远不会忘记。

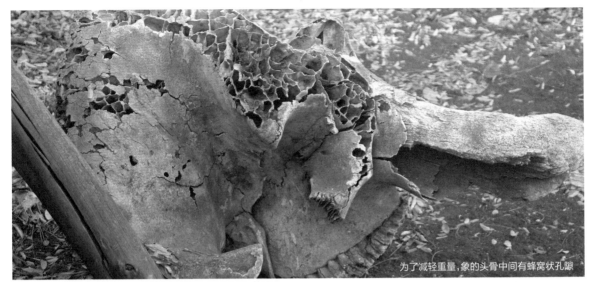
为了减轻重量，象的头骨中间有蜂窝状孔隙

庞大的非洲象和小巧的燕卷尾

非洲象的母系家族

非洲象遇到游猎车时，表现得安闲温和

大胃王餐厅

不过，在大多数情况下，我们不会和进入营地的非洲象正面相遇，只是通过折断的树枝、地上的象粪等痕迹得知它们来过了。它们要么挑我们出去游猎的时候，要么在我们熟睡的时候进营地来逛一逛。有时，我们在野外四处找它们，它们却在营地里的大树下好吃好喝。

马库莱基营地附近区域里就有一头名叫戴夫的雄性非洲象，经常来营地晃悠。它尤其喜欢在清晨的时候，沿着步道一路走来，"探访"那些刚睡醒的人。如果你是新来的，多半会被吓到，但它确实毫无恶意。它总是慢条斯理地一路闻嗅，品尝步道两侧的灌木，停在它最喜爱的那棵赞比亚黄尾豆树下，用鼻子去够那些即使在冬季也保持碧绿的树叶。

另一个叫卡隆威（Karongwe）的营地，无论夏季（雨季）还是冬季（旱季），都会有象群进入。这个营地设施简单，只有一些比较基础的帐篷，洗手间是公用的，晚上只能用太阳能营地灯照明。整个营地没有围网，我们毫无阻隔地和野生动物生活在同一片天空之下。雨季时，营地靠河道一侧的伯尔硬胡桃会结出大量果实，这些好吃的零嘴儿让象群在附近流连忘返。旱季时，当其他地方开始缺水，熟知营地供水系统位置的大象们，就会很聪明地把水管从1米多深的地下挖出来，弄破外壁，自行造出干净的水塘。当然，在被它们这样半路"打劫"之后，营地就断水了——人们只能可怜兮兮地用水桶里的存水刷个牙，连厕所都不能冲。而且如果象群不走开的话，维修工也根本无法去检修。有时，就算在雨季，大象也常常会把营地的水管拔了——并不是因为它们找不到水源，而是因为水管里的地下水更好喝：它们对于水质可是很有追求的。

非洲象很善于寻找水源。在旱季，它们会在干涸的河床上挖掘隐藏在沙下的水流。河床上的沙子表面非常干燥，要挖到地下1～2米时才会出现潮湿的沙层，象群会在沙坑旁边耐心等待，让潜藏在沙下、没有干透的河水慢慢渗透到坑里。当象群喝足之后，它们挖掘的水坑会引来很多动物，这些动物争相喝水时的踩踏行为会令坑洞迅速扩大。大象是真正的水源创造者，说是它们带领着其他动物活过旱季也不为过。

当大象发现人类营地周围有现成的地下水抽水机，只需要拔了水管就能喝到干净的地下水之后，情况就变得有些尴尬了：有经验的象群家长一定会拖家带口地来人类营地蹭吃蹭喝。营地的工作人员需要经常与它们"斗智斗勇"。他们曾经把水管埋到地下2米的深处，结果还是被大象挖出来了！人们只得把破损的水管挖出来重新连接，并用了大量的密封胶带来防止水的气味渗出——但是能否管用就不知道了。也许，聪明的大象已经知道了水管与水的联系，如果它们懂得通过闻水管的气味而非水本身的气味来寻找饮水的话，我们可就真的没办法了。

9

星空床危机

　　2017年的春节，我们住在卡隆威营地。这里有一个"星空床"——其实就是厨房二楼的平台放着几块瑜伽垫。向导助手中有一个来自德国的小伙子，名叫卢克。他非常年轻，一脸稚气未消的样子，平时会坐在越野车的向导专座上，帮着导师寻找地上的脚印。卢克非常喜欢"星空床"，每天中午都在上面休息，晚上也常常睡在那里。如果不是因为大象在半夜进了营地，我们根本就不会在意他睡房顶这件事。有一天清晨，我们正准备吃早点，卢克开始向我们讲述他的惊悚之夜。

大象进入营地，二楼就是所谓的星空床

我们和野生动物之间只隔着一层帆布和蚊帐

非洲象能显著地改变周边生态系统,它们推倒树木、剥下树皮等行为会减少木本植物的数量,维持草原生境、使其不继续向森林群落发展。在推倒树木的同时,它们为小型食草动物创造了生存空间、食物和隐蔽处,并促进营养返回土壤。由于体型巨大,大象是丛林中的"开路先锋"。旱季时,它们会在干涸的河床上挖出水源,很多小型动物可以"借光"。象粪被称为"移动的营养钵",能帮助很多植物传播种子,并由此开启了象粪–粪金龟–鸟类系列生态链。一些植物,如伯尔硬胡桃(又名非洲漆树、象李, marula, *Sclerocarya birrea*)和猴面包树的种子,必须经过大象取食才能萌发。有一种谷蛾甚至只依赖象的脚皮生活。所以,作为人们喜闻乐见的"旗舰物种"(能够吸引公众关注的物种),大象在很多地方也同时是"关键物种"(对环境有巨大影响的物种,又称"奠基种"或"基石种")和"伞护物种"(生存环境需求能够涵盖许多其他物种需求的物种)。

一开始,他和前几天一样睡得还不错,没想到到了凌晨2点钟左右,有一头大象跑了进来。这是一头成年雄象,背脊和二楼平台差不多高。平时,大象跑进营地只是吃一点树叶就罢了,然而这头雄象竟然开始在厨房的墙壁上蹭痒,整个厨房都开始剧烈摇晃起来。睡在二楼平台上的卢克被晃得站也站不稳,下又下不来,还怕房子随时会塌,只能祈祷它快点儿走开。大象换了几个姿势蹭痒,

营地周围没有围栏，晚饭时间，一头野象前来拜访

营地的小屋有阶梯，可以防止大多数动物攀登

把卢克急得直跺脚。蹭够了,它停了下来,转身开始吃旁边那棵树上的叶子。我们听他讲到这里,赶紧跑去看,果然,那棵熟悉的树完全秃了,一片叶子都没有了。厨房旁边有很多大坨的象粪,仿佛这头大象还担心我们不知道是它干的。

我们最近一次遇到大象进营地事件是在2019年12月的卡隆威。虽然我早已习惯在徒步或游猎时直面大象,但大象离睡在床上的我那么近,这还是第一次。

像以往一样,我们打一开始就在寻找大象的踪迹,但花了3天时间却始终一无所获。伴随着傍晚的一场大雨,天气凉爽下来,晚餐之后,我们拉好帐篷的帘子准备入睡了。然而,在野外,"安静的夜晚"这种东西是不存在的。入睡没多久,"轰隆隆、轰隆隆"的声音把大家都吵醒了,树枝折断声也不停响起。

只有大象能发出这么低沉的声音,而且不止1头,感觉超过了10头!"咔嚓!"这声音是从我的帐篷帆布后面发出的,我确信那根折断的树枝离我不到1米,如果不是这层薄帆布挡着,我应该可以摸到它。低沉的吼声越发清晰,我甚至还听到了小象的声音。其实,只要经常接触,你就可以通过大象的叫声清楚地分辨出它们是在交谈还是发怒,甚至分辨出是不是妈妈在教育孩子。眼前的声响虽然低沉,但我一点也不担心,因为听起来它们的心情似乎不错,雨后能来人类的营地饱餐一顿必定是一件乐事。神奇的是,大象从来不会主动攻击人类的设施,虽然帐篷对于大象这样的庞然大物来说弱不禁风,但它们真的不会无聊到用鼻子或象牙去捅破帐篷。一时间,我真想冲到帐篷外去看一看啊,这机会真是太难得了!然而,我忍住没有发出声响,也没有打开手电,因为大象们选择在这个时间进营地,一定是不希望有人看见它们。如果我有任何动静,一定会惊动它们的。当时我所能做的,只有侧耳倾听,静静地享受这难得的一刻。

会说话的"他"和"她"

　　当然,在游猎过程中看到大象的机会更多。大象很喜欢使用人类的道路,毕竟这些路平整宽阔,石子又少。这时候,我们只能慢慢跟着它们挪。大象也很喜欢水,所以在水池边上蹲点,就能看到过来喝水的大象。它们喝水的时候总是很有秩序,一整群排着队走过来,在水池边上一字排开,各喝各的,互不干扰。而带头的女族长一起身离开,所有的象都会立刻乖乖跟上,哪怕有些象还没喝够,或者嘴里还塞着草茎,也都毫无异议地跟上就走——这家教实在是太好了!

　　如果时间充裕,我们会在那里静静地看着象群,越看就越觉得它们真的在说话,你甚至能够脑补出它们在聊什么内容。

　　有一次,我们看到一头小象在水池边,笨拙地学习用鼻子喝水。确实,使用鼻子对于非洲象来说是需要练习的,象鼻有4万块肌肉(约15万条肌肉束),比人类全身的肌肉数量(约600块)多得多。小象要到差不多3个月的时候才掌握如何使用鼻子。在野外,经常可以看到小小的非洲象因为不会用鼻子而气馁地将鼻子到处乱甩。这个小家伙显然还没有学会如何用鼻子喝水:它一会儿把一大团鼻子塞进嘴里,把整个嘴都堵住,一会儿又把水喷得太用力,结果全从嘴里漏了出来——我们在旁边看着都觉得好笑。小象试了又试,越来越沮丧。过了一会儿,就见到旁边一头雌象走过来(并不一定是小象的妈妈,也有可能是姐姐或阿姨),开始默默地给小家伙做示范。有些动作它故意做得很夸张,好像在和小家伙说:"注意看,这一步应该这样做。"

　　半大不小的雄象最是调皮捣蛋,和人类的小孩也差不多。在另一次游猎中,我们在水塘边看到两头小雄象在水塘里一边游泳一边角力。有一位女族长带着整个象群过来喝水,看到两个小家伙的行为,整个象群都绕道而走,到水塘另一边去了,似乎很是鄙视它们的样子:"这两个臭小子,把水都给弄浑啦。"这时,又有另一头小雄象兴冲冲地加入了"水中群架":"你们在玩啥,我也要来!"立刻和它们俩一起推搡起来。三个"小男孩"在水中翻腾嬉闹,好不热闹。过了一会儿,一头成年雄象出现了,它先和象群中一头带着小象的雌象卷着鼻子互相致意了很久,雌象跟着象群离去之后,雄象就转向了水中的三头小象。"小男孩"们齐刷刷地停止了嬉闹,看向成年雄象,雄象举起鼻子,好像在训诫它们:"不要玩得太过火了啊!"

小象和妈妈的关系十分亲密。"女孩子"会一直留在由"女族长"带领的象群中。

　　我们还遇到过在夜幕的掩护下打架的小雄象。大家都拿出相机"咔嚓咔嚓"地拍照。这两只小象居然露出不好意思的表情，相互推搡着走进树丛："不打了，打架这种丢脸的事，给外人看到可不好。"另一次，两个"小男孩"在水池边上打架，落败的那个心有不甘，就转身对着我们的车子抖起威风来。我们的向导经验丰富，知道它色厉内荏，于是毫不退让地让油门轰鸣了两声，作势向它冲了两下，果然那家伙立马就怂了，一路打着响鼻跑走，分明就是个熊孩子，一边败走一边叫："妈妈！他们都欺负我！"

非洲象家族很守秩序

刚刚脱离群体的少年雄象通常比较有个性。它们正值青春，血气方刚，时常做出一些在象群内的大象不会做的标新立异的事。与它们相遇，有时会是惊喜，有时可能是惊吓。比如，有些好奇的"不良少年"会走到车前，用鼻子来挨个摸人的脑袋。这架势有点像我们第一次见到老外，恨不得用眼睛上上下下将人家瞟个遍："哎，这人头发真的这么卷啊，颜色好浅；他眼睛竟然是蓝色的哎；啧啧啧，这人手臂上怎么这么多毛？"只不过对我们人类来说，视觉是最重要的感官，而对大象来说，用鼻子摸一遍才算是真正的探索。可惜不是所有人都享受得了这样的礼遇,面对象鼻子的移动,大家把身体缩得越来越低,窘迫得恨不得钻到座位底下去。

虽然身材庞大,而且各具个性,但非洲象总体来说都是温和而讲道理的。它们会用动作、表情、声音各种方式和我们沟通,如果认真观察、用心体会,这些讯息的意义是非常明确的。一般大象在觉得我们的车辆挡了它们的路时,会先发出低频的隆隆声和我们打招呼,示意我们让开。那些低低的隆隆声,就像在闹市的街头,在我们身边穿行而过的陌生人,与我们擦肩而过时留下的那句"借过"。相比之下,反倒是有些人类会莽撞地插入大象队列当中,不问一句就举起相机拍摄——在大象的眼中,这些人说不定就是一群没有教养的猴子吧。

在大象的身上,你可以找到一些有别于其他动物的东西,使它们更加接近人类。这不仅仅是因为大象是少数几种能从镜子中认出自己的动物,也不仅仅因为它们和我们一样能够利用工具、改变环境,和我们一样会缅怀死者。它们有着令人敬畏的体格,却同时具有与我们相似(甚至更好)的个性。它们是如此善于沟通、通情达理,只要花时间与它们相处,我们就会发现,自己能够解读它们的语言和情绪,即使它们发出的次声波信号不在人耳的接收范围之内。再没有什么动物比大象更让我们感觉到,物种之间的鸿沟并没有我们想象得那么深,不需要借助任何技术工具,不同物种之间也可以心意相通。这就是大象的魅力所在,它们给予我们的,远远不只是象牙、威名与力量,而我们只需要与它们相处一段时间就能发现这一点。

年长的成员会教育和指导年幼的小象

象群和越野车互相有礼貌地让路

2

躺下"诱捕"长颈鹿

　　据说，在长颈鹿面前躺倒，它们会好奇地走过来看个究竟。我们的一位导师贾斯伯说，他亲自做过实验。这也太好玩了！于是，我们找到机会就自己尝试了一下。

原来真的可以？

在克鲁格国家公园周围，有很多私人保护区。其实它们最早都是大大小小的农场，后来人们发现借着克鲁格的地理优势，发展旅游业能带来更多的机会，就移除了所有的庄稼，让这些农场重新变回野地，引回各种野生动物。经过十多年的时间，这些私人保护区的生态逐渐健全，其环境与克鲁格国家公园内的差异越来越小。国家公园也一直在鼓励拆除各私人保护区之间、私人保护区与国家公园之间的围网，使这些大大小小的独立区域最终与克鲁格国家公园融为一个整体。这样一来，动物就会有更多的空间去迁徙、繁衍，对于整个地区来说都是一件好事。很多保护区这么做了之后，发现更多大象跑了过来，甚至还出现了非洲野犬等之前从未引进过的动物，这让很多经营者非常欣喜。

卡帕玛（Kapama）就是这样一个私人保护区，而我们关于长颈鹿的有趣实验就发生在这里。南非丛林游猎中最棒的一点就是：你永远都不会错过一天中最美好的日出日落时刻，因为向导们总是会及时找到一块舒服安全的

南非克鲁格国家公园（Kruger National Park）北邻津巴布韦，东接莫桑比克，总面积达2万平方千米，比3个上海还要大，是南非最大的国家公园，也是全球20大国家公园之一。这里生活着148种哺乳动物（整个南部非洲共350种）、505种鸟类、118种爬行动物、35种两栖动物、50种原生鱼以及整个南非50%的昆虫种类，还有超过2000种植物（包括200种树和235种禾本科植物）。

人一卧倒，长颈鹿就一脸好奇地走过来看

红嘴牛椋鸟经常落在大动物身上，吃吸饱血的寄生虫

地方,让大家吃着点心、喝着热饮欣赏风景。这天清晨,向导把越野车停在一片湖边,摆出了各种好吃的,问大家:"咖啡、茶,还是热巧克力?"在车上被风吹得发抖的人们赶紧下车来喝热饮。这时,我们突然发现,一只长颈鹿正在不远处灌木丛中向我们张望。我们马上想到了贾斯伯的实验,现在不做更待何时!同车的两位女士自告奋勇地在越野车前就地躺下。这举动把两位向导惊呆了,他们连连问:"What happened?(怎么了?)"

本来只是想试试,没想到长颈鹿真的走了过来,它和躺倒的人保持着一定的距离,前进的脚步十分纠结。你几乎能读出它长长的脸上写满了问号,与向导的表情一模一样!所有人都忍不住大笑了起来。为什么长颈鹿会靠过来?因为它也想问"What happened"!长颈鹿无法平躺在地上,它看到有人做出这个动作,难道不会觉得奇怪吗?我们甚至脑补了它内心的台词:"竟然可以平躺?难道这些猴子突然死了?"好吧,总之我们确证了"长颈鹿看到有人躺在地上就会凑上来看"的传说,原来它们真的是好奇宝宝。

下盘武器

长颈鹿对付猎食者时最常用的武器是长腿。它们的腿是陆地动物中最长的,因为腿长,它们走路时只能"顺拐","同手同脚"地行走,否则四蹄就容易绊到一起。

虽然长颈鹿的身体构造决定了它们很容易摔倒(尤其是在人工铺设的路面上,而狮子常常利用这一点),但它们的优势是四蹄可以向四个方向猛踢,这对于任何掠食动物都是致命的武器。所以,即使是狮子也很少对年轻力壮的成年长颈鹿下手,只敢把目标放在1岁半之内、没有经验的小长颈鹿身上。据统计,在塞伦盖蒂草原,超过20%的小长颈鹿活不过第一个月,能活到半岁的不超过50%,能活过1年的不超过40%。1岁之后死亡率明显下降,2岁长颈鹿的死亡率为8%,3岁(成年)则降为3%。

长颈鹿的角

长颈鹿有个外号叫"丛林WiFi",这不仅因为它个子高,还因为只有长颈鹿科的动物一出生就带着角。小长颈鹿的角上有长长的毛,看起来就像两个小辫子。

成年长颈鹿的角的主要用途是和同类打架。我们可以通过角的形状来辨别成年长颈鹿的性别:雌性长颈鹿的角比较细,角和头部的连接处从正面看犹如英文字母U;而雄性长颈鹿的角基部非常粗壮,看上去更像字母V,并且年龄越大,角顶上越秃,角也会越长越多——头顶上这里鼓出个包,那里突起一块,有时甚至能数到5个角。在雄性打架时,加了配重的脑袋、凹凸不平的头骨,结合强有力的脖子,就像流星锤一样,能发挥出强大的力量。曾经有长颈鹿在打架过程中被击碎颈椎而死的事例。雄性长颈鹿"抡流星锤"争霸,是为了争夺雌性,为此,它们把角磨秃了也在所不惜。而雌性长颈鹿也并不介意雄性脑袋上的"地中海",反而更加青睐身经百战的年长雄性。

雄性长颈鹿用头槌搏斗

长颈鹿夜访智人

2015年7月的卡隆威营地聚集了一群带着孩子们的家庭,其中最小的孩子只有7岁,名叫威廉,他和长颈鹿有一次终生难忘的邂逅。

我们在到达的第一晚就找到了一群狮子,当时它们正在大快朵颐。有一头雄狮前两天成功捕杀了一只长颈鹿,它吃饱后,这只长颈鹿就归一大群雌狮所有了。在车用探照灯之下,正在进食的雌狮眼中闪着黄色的光芒,它们撕咬着残余的肉,完全不介意10米之内的我们。现场不停传来骨头断裂的声音以及它们竞争食物时发出的咆哮。我们非常有耐心地观察这群狮子,1个多小时后才回营地。

一夜无话,清晨5:30,正当我们开始享用早点时,威廉的妈妈神秘兮兮地说:"昨天深夜有事发生!"

原来,差不多凌晨2点的时候,威廉想上洗手间了。洗手间的位置虽然不远,但要走出帐篷才行。他拉开帐篷的帘子,在皎洁的月光之下,一个奇怪的剪影让他大吃一惊:影子非常非常高,有着长长的嘴,就在他头顶晃动。威廉一开始还以为自己在做梦,忽然,他意识到自己是醒着的,在他的帐篷正前方正站在一只高大的长颈鹿! 难道是那只被狮子吃掉的长颈鹿的鬼魂? 想到这里,他哇一声哭了起来。"我不要上洗手间了,我要睡觉!"威廉大叫着,又重新回到了床上……

早餐桌上的大人们听着纷纷窃笑。过了一会儿,威廉也来用早点了,我们问他昨天晚上发生的事,他有点后悔:"晚上我没看清楚,我们今天能再去找那只长颈鹿吗? 它不是鬼魂。"向导笑起来,如果昨晚长颈鹿就在我们的营地,它一定还没有走远。

长颈鹿的脚印是由长长的两个趾印形成的箭头形状,而箭头的方向就是

长颈鹿姿态优雅，但喝水时却会显得有点狼狈

它行走的方向，没有其他偶蹄类动物能有这么大的脚印了。在清晨的阳光下，我们跟着规整得如同铁轨一般的脚印从营地一直走出去。在这只"午夜探班"的长颈鹿足迹周围，还有其他动物大大小小的脚印：黑背胡狼的，非洲灵猫的，斑獴的，甚至还有豪猪的，看来昨夜是一个热闹的夜晚。

这次追踪非常顺利，很快，我们发现了树叶间露出一些暗棕色花纹。"它就在那儿！"向导说。那是一只雌性长颈鹿，很年轻，没有皱纹，有着长长的脖子与秀气的小脸。阳光正从它背后射来，在身体周围勾勒出金边。它完全没有被我们与越野车吓到，慢吞吞地吃着金合欢树上的嫩叶，舌头灵巧地卷过那些白色的刺。看它如此镇定，我们不由猜想，它进营地来难道仅仅是为了吃几口树叶吗？或许它是好奇而跑进营地看看里面到底有什么吧？

长颈鹿毛茸茸的脸能为金合欢传粉

　　野生长颈鹿的菜单上有接近100种植物，而金合欢是它们的最爱。很多人看到长颈鹿吃金合欢都会觉得很奇怪：难道它们不会被刺扎到吗？其实，长颈鹿的嘴唇和舌头非常灵巧，完全能避开尖刺，而且舌头表皮也很厚。它们的舌头有45～50厘米长，卷起枝条，往下一捋，就把枝端的小叶子给捋下来了。它们不仅能用舌头卷树叶，还会用舌头掏耳朵、挖鼻孔……

　　如果你在野外观察长颈鹿进食，会发现它们在一棵树前面吃不了几分钟就会离开。这是因为金合欢为了对付长颈鹿等植食动物，动用了"化学武器"和"生物武器"。

　　有的金合欢和蚂蚁有共生关系，树为蚂蚁提供花蜜和住所，当长颈鹿来取食的时候，蚂蚁会因为家园受到侵扰而群起攻之。

　　有的金合欢一旦遭到长颈鹿啃食，就会迅速提高自己体内的单宁含量，使叶子变得苦涩难吃。同时，还会释放出化学信号，通知周边的树："有动物来吃我们啦，大家提高警惕！"于是，所有接收到信号的金合欢同类们就全都迅速变苦了。这迫使长颈鹿每棵树都只能吃一小会儿，而且还得逆风觅食，去寻找那些没有变苦的树。

　　还有一些金合欢会反过来利用长颈鹿，比如黑相思树（knob thorn, *Acacia nigrescens*）。在有这种树分布的地方，它会占到长颈鹿食物的40%，简直是被长颈鹿当主食了。这种金合欢主要的传粉者就是长颈鹿。每次长颈鹿进食的时候，就会被糊上一脸花粉，当它到另一棵树上去进食时，就顺便完成了传粉任务。

成年长颈鹿几乎没有天敌，根本不怕豹子幼崽

科学家通过收集长颈鹿的皮肤样本，对它们进行基因测序。根据其基因差异的分化程度，长颈鹿的正式分类应该包括4个种：马赛长颈鹿（Masai giraffe，*G. tippelskirchi*），网纹长颈鹿（eticulated giraffe，*G. reticulata*），北方长颈鹿（northern giraffe，*G. camelopardalis*），南方长颈鹿（southern giraffe，*Giraffa giraffa*）。

这几种长颈鹿有一些基本特征可以靠肉眼进行分辨：

• 马赛长颈鹿身上的花纹是树叶状的；

• 网纹长颈鹿穿着"渔网装"；

• 北方长颈鹿又被称为白色长颈鹿，身上的颜色较浅，腿上还穿着白色"长筒袜"；

• 南方长颈鹿可能是我们最熟悉的，中国动物园中养的大部分都是这种。

用分子生物学的方法对长颈鹿进行重新分种和长颈鹿保护有什么关系呢？因为世界上所有的野生生物保护工作都是基于"种"（而非亚种）进行的。区别出不同的物种，就能针对每个不同物种划定濒危等级，制定保护级别，从而制定精准的保护措施。比如，南方长颈鹿应被定为"无危"级别，而其他三种长颈鹿（马赛、网纹和北方长颈鹿）的情况都不乐观。

不容乐观的生存现状

无论是在动物园还是在南非丛林里，你都可以看到很多长颈鹿。但它们在野外的情况却在恶化。朱利安·芬尼西博士15年来的研究显示，长颈鹿的实际分布区域已经大大缩小了。在世界自然保护联盟（IUCN）名录上，曾经被列为"无危"的长颈鹿，近些年来，已经被提升到"易危"等级。各地不同种类的长颈鹿实际受到威胁的情况是不同的，非洲东部和中部的情况不容乐观，北方长颈鹿的数量在15年内减少了95%，足以使其被列入"濒危"的行列。

包括狮子在内的食肉动物会捕杀长颈鹿，豹子、鬣狗甚至鳄鱼也会碰运气得手。但是总体来说，成年长颈鹿是相当难缠的对手，它们受到的主要威胁还是来自人口增长带来的种种需求。城市扩张、低效农业、采矿以及道路、铁路和管道等基础设施都需要更多土地，这是对长颈鹿的潜在威胁。有些地方，主要公路穿越了国家公园或者长颈鹿的活动范围，造成许多长颈鹿因交通事故而丧生（通常肇事司机也会受重伤或身亡）。

长颈鹿对于生态系统非常重要，它们也是"旗舰物种"和"关键物种"。因为在保护长颈鹿的同时，我们也保护了它们周边的各种生物。它们在取食树叶和花朵的时候，毛茸茸的口鼻会将花粉从一棵树带到另一棵树；它们取食植物的果荚，排泄时会把种子带到远离母株的地方。到处"播种"不仅对长颈鹿本身有好处，也造福了其他植食性的动物。它们和大象、犀牛一样，也能控制灌木的数量，直接影响生态系统的格局。近年来，科学家开始给长颈鹿佩戴GPS发射项圈，以记录和追踪其活动轨迹，了解其活动范围，给出保护建议。如果追踪发现，标记的长颈鹿总是在某一区域活动，而这个区域没有被纳入保护区，科学家会建议调整国家公园的边界，有针对性地进行保护。

长颈鹿的冷知识

长颈鹿不是哑巴,它们会发出各种各样的声音,有时它们会像马一样嘶鸣,在受到惊吓的时候会发出如同狮子一般的吼叫声。它们会发出我们听得到的声音进行交流,也会发出我们听不到的次声波。长颈鹿的脖子有2.5米长,但它们却是反刍动物,食物会在不同的胃室内和口腔里上下运动。

长颈鹿的腿部很细,但非常有力。如果腿部粗壮,就需要摄入更多的食物,但它们却用精细的食物和"节能"的设计,维持自身的平衡。它们腿部的皮肤非常紧致,美国航空航天局对其进行仿生研究,研发出了有助于在失重状态下保持血液流动的宇航服。

在适当的措施下,当地居民完全可以和长颈鹿和谐共处

3

追踪狮群碰一鼻子灰

　　在非洲丛林，狮子一直是公认的王者。它们是极少数能在光天化日
之下大打瞌睡的动物。一天能睡20个小时——这为它们赢得了"非洲第
一懒"的称号。世界各地的人们来非洲寻找它们，夹杂着爱与怕、敬与畏。

通常,傍晚时才会看见雌狮带着孩子移动

与狮群"打成一片"

很多初次来到非洲的人,总是一边强烈要求看狮子,一边旁敲侧击地询问该如何应对它们。有一次,我与好友一同出行,她一路都在谈论有关狮子的话题,还特别强调了出发前朋友们的忠告:"游猎的时候,一定要全程关好车门车窗,尤其是看到猛兽的时候。"我实在没好意思告诉她,我们坐的是敞开式越野车,不要说窗子了,连门都没有——这是最高档的游猎车型。不仅是车,连营地也是越敞开越受欢迎——那些不设围网、野生动物可以自由出入,常常有大象、豹子等动物进入泳池或阳台区域的酒店和营地,总是最抢手和火爆的,价格也贵到离谱。南非人是如此热爱大自然,恨不得能与自然融为一

雄狮会和雌狮与幼狮保持一点距离

体,谁会想在游猎时把自己封闭在一个罐头里呢?当我这位朋友看到既没有窗也没有门的敞开式越野车时,表情十分精彩。也是在那次旅程中,我们收获了"活"的狮群——对,它们当时没在打瞌睡。

上午9点,已经在野外游猎了3个小时的我们回到营地,早已经饿坏了。每个人都端着盛满食物的盘子和热气腾腾的咖啡。

"快看!那是什么?"某人的手突然僵住了,大伙都朝着她所指的方向看去。棕黄色的草丛前,有东西正沿着河道慢慢移动过来,那是一整个狮群!

"正向我们走来哪!"

"向导呢?"有人坐不住了。

"从回来后就没见到!"

一群人端着咖啡面面相觑,谁也不知道该怎么办。这是一个由近10头狮子组成的大狮群,雌狮们带着孩子,步伐轻快地沿着河道向我们走来。

"营地没有围网,如果狮子进来了怎么办?"

"难道是我们的早饭太香了?"

"餐厅连门都没有,我们要不要躲到房间里去?"

"回屋把门锁了有用吗?"

大家一边盯着狮子的移动方向,一边紧张地讨论着。不过这些话怎么听,都带着几分得意。对他们中的大部分人来说,第一次见到野生狮子竟是以这样的形式,足够吹嘘一辈子了吧。

狮群沿着河床向这里移动。大家既期待狮子们能够再近一点,又怕狮子真的来了,跑都没处跑。渐渐的,没人说话了,每个人都屏声静气,目不转睛地盯着狮群行进的方向。然而,自始至终,没有一头狮子向我们看上一眼,它们只是匆匆赶路,从我们的眼皮底下经过,然后消失不见了,倒显得我们有些自作多情。

下午,我们坐上越野车开始游猎,上午被狮子拜访的激动之情,使大家迫不及待地希望能再次近距离见到它们。搜寻良久,后座的一名队友轻声叫了起来:"在那里!"带队的德国向导克劳迪亚迅速停下车往后倒去,在灌木之下,金黄色的草丛之中,狮子的浅棕色若隐若现。克劳迪亚向最先找到狮子的队友竖起大拇指:"好眼力!"没想到她接着来了一句:"老花眼就是好……"把所有人都乐坏了。

在丛林中,眼力就是一切。其实,那些狮子老早就看到我们了,但它们根本不把人类放在眼里,就算把越野车停在它们跟前,它们也只是绕开几步而已。人类不在狮子的惯常食谱上,只要不用出格的举动去惊吓它们,我们对狮子而言就是"不存在"的。狮子们慢慢从草丛中移步到了大路上,克劳迪亚驾驶着越野车,慢慢跟在后面。这就是清晨前来"拜访"我们的狮群。狮群由5头

雄狮通过吼叫、撒尿等行为标识领地

雌狮与4头小雄狮组成，"妈妈"们只顾往前走，"小孩"们偶尔会回过头来看看我们。

　　大多数时候，我们和狮子的相遇就是如此平和。不过，如果你要问："狮子真的就那么无害吗？"我会说："是的。但前提是你遵守规则并且了解它们。"

抓个"王储"做人质

2015年9月，我在克鲁格国家公园内的一家酒店结识了向导杰森。杰森和很多南非向导一样，有一种对自然的狂热，他们找动物的兴奋程度，比游客要高一百倍。他每天开着越野车驰骋于南非丛林，与野兽为伴，成为无数孩子羡慕嫉妒的对象。有一次晚餐时，我问他，多年在非洲丛林中工作，有没有遇到过什么惊心动魄的事？没想到，他竟然放下刀叉，开始认真给我讲述起一段故事来。

杰森与他的一位同龄搭档特别谈得来，几乎每天傍晚都会一起开车去野外，坐在湖畔喝酒聊天。某天，搭档休假了，杰森独自去享受落日时分的宁静，不知不觉间天已近全黑。他正要穿过一片草丛回到越野车上，突然，一阵低沉的咆哮从他正前方传来。草穗摆动之中，他看到一头雌狮正压低着身子，对他龇牙咧嘴，雌狮身边有一只才几周大的小狮子。带着娃的雌狮是丛林中最危险的动物，它会为了护崽，抛弃害怕人类的天性，不顾一切地发起攻击。他只感到一阵热血冲向头顶，一身冷汗。"怎么办？怎么办？"他的大脑高速运转，双腿也不自禁地颤抖起来。此时，杰森并没有忘记身为自然向导的基本功，他丝毫不敢动弹——不是吓呆了，而是他知道此时不该乱动——前进意味着挑衅，后退意味着示弱，不管哪个选择都可能引爆雌狮的攻击。

小狮子是个出生不久的小毛球，正好奇地探索着世界，对周围的气氛毫无知觉，只顾玩弄着脚边的小岩石、小树枝。这个发现，让杰森看到了一线生机。他小心地挪动身体，捡起地上的小石块与小树枝，朝小狮子面前扔去。这些小物件掉落在小狮子周围，轻轻滚动，发出轻微的声响。这对小家伙来说，真是不可抗拒的诱惑，它像被羽毛逗乐的小猫一样，冲向这些移动物体，又闻

小狮子是妈妈的宝贝，一有空就会被抓住清洁身体

小狮子非常调皮，尾巴是种好玩具

又咬。杰森又把石块与树枝扔得离自己近一些，小狮子便兴冲冲地跑过来，他竟成功把小狮子吸引到自己身边来了。狮子妈妈发出尖锐的叫声，想把小狮子喊回去，但小毛球眼里只有杰森给的"玩具"。这下，杰森终于有了和狮子妈妈叫板的筹码了，孩子落入敌方"阵地"，妈妈哪敢贸然攻击。而此时的杰森只想保命而已，他开始一边向后退，一边继续扔石头，使小狮子留在自己身边。雌狮仍然趴在原地，这回轮到它不敢轻举妄动了。杰森用这种方式，一直退到

狮群里往往有不同雌狮所生、大小不一的幼狮

越野车旁边，才停止了扔树枝，坐上越野车。小狮子也终于回过神来，回到了妈妈身边。

讲这个故事的人心有余悸，听的人也不知不觉一头冷汗。这个皆大欢喜的结局实在有赖于幸运之神的眷顾！要知道，人类在丛林里非常脆弱，唯一能依仗的就是理智与自控力了。

追踪大师"翻车"

我们的另一位向导朋友杰瑞是一个动物追踪师——这是丛林向导中一种特殊的角色，要经过一整年理论学习，并积累相当长时间的实践经验才能取得证书。杰瑞从小生活在克鲁格国家公园旁，现在则在动物追踪师学校任教，带着学生在丛林中徒步找寻动物是他的日常。他熟知动物的行为，知道如何在徒步时妥善应付那些突发情况。不过，再厉害的追踪师也会遇到翻车的事儿，他为了警示大家时刻对丛林保持敬畏，丝毫不介意把自己"翻车"的事和大家分享。

这天，他像往常一样，带着十来位学习徒步追踪课程的学生进入了丛林，完全没想到会遇到他职业生涯的最大危机。出发前，他给来复枪上了膛，又慎重地重复了一次徒步的规则。学生们听着不断点头，他们对于经验丰富的追踪导师向来充满了敬意。非洲徒步对体力要求其实并不高，大多数时间，会走走停停研究地上的足迹、植物或昆虫，不太会进行快速极限跋涉。学员相对轻松，而导师则需要精神高度集中，因为那些草木之后也许隐藏着危险。受过专业训练的向导会尽最大可能回避与动物的冲突。他们每次都会精心检查来复枪，但绝不会轻易使用。因为"一旦你伤害了一只动物，你与自然的关系便彻底不同了"。

很快，杰瑞就发现了一些令他激动的足迹：雄狮的掌印。掌印和成人的手掌大小差不多，肉掌掌根分三瓣的形状清晰可见，这显然是在昨晚或清晨留下的。他转身对跟在他身后那些学生们说："有一头雄狮不久前来过这儿，从脚印的新鲜程度来看，我们应该离它不远。你们一定要跟紧我，严格遵守徒步法则，任何情况下绝对不能奔跑，一定要听从我的指令！"学生们连连点头。

動物追踪术基础

向导杰瑞在篝火边准备宿营

　　动物追踪术是在熟悉动物习性的前提之下，根据踪迹来找到动物。不同的动物生活在不同的地方：有些喜欢岩石地带，有些喜欢水边。动物的作息时间也不同：夜晚出没的动物，白天可能躲起来呼呼大睡。对动物基本习性的了解是追踪动物的第一步。

　　动物留下的踪迹多种多样，包括吃东西留下的残渣、吐出的食团，梳理羽毛、蹭痒、在泥塘里打滚留下的清洁身体的痕迹，走路时压倒的树木、留下的足迹，巢穴和洞窟，排泄留下的痕迹等。观察这些细节可以帮助我们辨识其主人是谁、什么时候来过，甚至还原整个事件的过程。

　　除了通过视觉看到的痕迹之外，倾听自然界的声音也非常重要。有些动物在看到掠食者（或人类）接近时会发出警报声；各种动物穿越草丛和丛林时都可能发出不同类型的动静；我们可以根据声音来判断其来源和动物体型的大小。突然的寂静，则往往预示着某种干扰因素的出现。

　　虽然人类的嗅觉不如多数哺乳动物灵敏，但在风向合适的时候，有经验的追踪者也可以直接"闻到"动物的踪迹。

　　他们顺着脚印的方向一路向前，足迹越来越清晰。足迹在一处空地上稍稍改变了方向，杰瑞蹲下，同时示意身后的学生们也原地蹲下。这里的脚印棱角清晰，就像是用模具印出来的。他趴低身子，试图看清足迹轨迹指向何方。就在这时，杰瑞突然发现前方的草丛有了动静，有一簇棕色的火焰在上下跃动。那是狮子的尾巴！而狮子只有在发动攻击前，才会上下摆动尾巴！他想要起身，雄狮却以迅雷不及掩耳的速度扑到了他眼前。对于狮子来说，20米的距离只需要一秒钟!

杰瑞没有逃跑,虽然本能告诉他要逃离危险,但在那一瞬间,他平时积累的知识和理智清楚地告诉他,要在这个距离上逃过一头雄狮的攻击是绝无可能的,唯一的办法就是要让它觉得你更强大。食肉动物虽然看起来强悍,但它们绝不会冒着受伤的危险去拼命。因为它们一旦受伤,便很难再捕到猎物,也无法再面对同类的挑战了,所以它们其实非常谨慎。杰瑞用全部的意志力压制住自己心底的惊慌。狮子在离他只有不到1米的地方来了个"急刹车"。显然,这个连站都来不及站起来的人类,让它大吃了一惊。这不是猎物,因为正常的猎物一定会逃跑——它心里一定是这么想的,于是决定明哲保身,先退为上。

一头雄狮可以重达200千克,它急刹车的气势非常惊人。杰瑞后来形容说:"当时它前爪所扬起来的灰尘和沙子,全都洒在了我脸上,我只觉得被气浪与浓烟包围了,什么都看不见。"既然狮子选择了后退,杰瑞也不能等它再动什么脑筋,他奋力站了起来,开始了作为人类的反击:冲着雄狮连蹦带跳、大喊大叫。这是任何一个受过训练的自然向导都懂的方式:你得在动物面前显得十分强势,制造出巨大的声音,张开身体显得自己很强壮。这一招奏效了,狮子急刹之后再也没鼓起勇气,飞一样跑走了。不管怎么说,杰瑞一定给狮子留下了深刻的印象:一个看起来如此渺小的人类,为何在一瞬间变得这么大? 这可够这位王者琢磨好几天了。

这样与狮子面对面,对杰瑞来说也是第一次,虽然受过与危险动物相遇的训练,但这么真实又刺激的场面,以前只出现在想象中。狮子跑了,他突然想起了自己并不是一个人——那些学生怎么样了? 他们是不是受到了惊吓? 他转身向后看去,震惊地发现他身后已经一个人都没有了。学生们有的躲在很远的白蚁冢后,有的则爬到了树上,只有他孤零零一个,暴露在旷野之中……看来平时他真的把学生们教得很不错。

野外徒步基本守则

1.保持单列前进,前后不要超过一个手臂的距离。

2.始终站在来复枪的后面。

3.听从向导的指令行动。

4.不论什么时候、发生什么事,绝对不能跑(因为在动物的认知中,只有猎物才逃跑)。

5.徒步时不能交谈,要将声响压至最低并关闭所有电子设备的声音。

6.需要引起别人注意的时候可以使用打响指或者拍裤腿的方式,时刻注意向导的手势信号:张开的手掌——停;紧握的拳头——停止一切动作;压低手掌——伏下身体;手指在头顶——到我这边来。

7.使用相机时禁止使用闪光灯。

8.徒步时禁止吸烟、扔垃圾和饮酒。

9.定时和其他游客交换顺序。

10.带好防晒霜、帽子、水。

只要人在车上,人狮就能相安无事

4
被斑鬣狗舔脸怎么办

　　人们总以为长得难看、叫声诡异的斑鬣狗是狮子的"跟屁虫"，会偷狮子的猎物，其实真实情况往往完全相反。斑鬣狗家族是强大又聪明的猎手，也非常会利用机会，捕猎成功率相当高。

斑鬣狗牌"香水"

在一次生态训练营活动中，我们听到了迄今为止最惊险的鬣狗故事。7月是南非的冬季，在白天的阳光下，气温可达30℃，而太阳一旦落下，又会骤降到7℃左右。晚餐后，为了驱赶寒冷，大家围坐在篝火边，把脚伸向火焰。夜色中偶尔会传来婴猴那接近于人类婴儿啼哭的叫声，还有珠斑鸺鹠有节奏的歌声。来自斯里兰卡的导师哈利也同我们一起坐在火堆旁，他刚往火中加了些柴，吹了几口气，即将熄灭的火焰又燃烧起来。整个营地除了火光所覆盖的区域，一片漆黑。

"呜呜呜……呦呦呦呦……"黑夜深处，响起了斑鬣狗的叫声。斑鬣狗确实是夜晚"话"最多的动物，它们一共能发出14种不同的声音，只有在抢夺食物，或者遇到狮子的时候，才会发出那种貌似邪恶的"笑声"，更常听到的是它们呼朋引伴的悠扬呼唤，这种声音能传5千米远。

我们仔细地听着，但这只斑鬣狗的声音并没有得到回应，它持续呼唤着伙伴。让我们惊异的是，这叫声似乎越来越近。这可不寻常，我们还点着篝火呢！

"看，鬣狗！"哈利突然指着黑暗处。那个方向有个影子正向我们移动，那是一个绝不会认错的轮廓——前腿长后腿短，站立时显得很滑稽，走路时歪歪扭扭，像喝醉酒一般。这种步态，一方面源于它们谨慎而又好奇的习性，另一方面和它们身体前高后低的结构有关。斑鬣狗胸腔大，强健的心肺使它们具有长途奔跑的耐力；它们的头骨重达3千克，为肌肉附着提供了充足的空间；颈部肌肉也十分发达，能叼走大块的猎物。有人曾经目击一只斑鬣狗拽走了装满水的25升水桶！

斑鬣狗的力量

鬣狗科动物现存共有4种,除了有名的斑鬣狗之外,还有缟鬣狗、棕鬣狗和土狼。其中体型最小的土狼是鬣狗科中唯一一种以白蚁为主食的动物。

斑鬣狗是机会主义捕食者,狩猎的成功率在31%左右。它们会吃掉得了炭疽或肺结核的动物,自己却很少因此生病,可以起到阻止传染病传播的作用。它们的咬合力非常惊人,几乎是人类咬合力的10倍,可以直接咬穿非洲水牛的肩胛骨,是唯一能够消化骨头的哺乳动物。20只斑鬣狗能在13分钟内吃掉一匹角马,除了一些毛发、蹄子和少量骨头碎片被吐出来之外,什么也不会剩下,而其他食肉动物一般只能吃掉猎物的60%。斑鬣狗堪称高效的"大自然清道夫"。过去,一些马赛部族会把死去的亲友抬到野外摆成坐姿,让鬣狗来为他们开启新一轮的生命循环。

黑背胡狼(左)觊觎斑鬣狗(右)的猎物

夜探斑鬣狗的巢穴，遇见它们的"侦察兵"

我们的篝火丝毫没有改变这只鬣狗的前进方向，它向我们直奔而来。我们尽可能保持静止，默默地看着它。谁都明白，只要你能确保斑鬣狗在视线范围内，你就很安全，它们只会从背后发动攻击，绝不会明着来。这家伙越来越近，从帐篷区一路走来，穿过餐厅，在离我们不到10米处停了下来。它一动不动地站在那儿，侧头盯着我们看，我们也一动不动地盯着它。我后悔把相机留在餐厅了，火光映着这只鬣狗，而它的身后就是我们的厨房，这是多么不可思议的画面！

更令我们感到震惊的是气味。这不是一般的气味，甚至都不是想象中鬣狗的气味，而是一股极其浓郁的腐臭。它一定是刚吃了一顿大餐，但这气味差点儿让我们几个人类把刚吃下去的晚饭全吐出来。

几天前，在我们的营地附近有一头大象死了，死因未知——可能是疾病，也可能是因为盗猎者。一头大象的尸体够一大群食腐动物享用很久，除了鬣狗外，还有大群的兀鹫蜂拥而至，狮子也会被引来。很明显，这只已经吃饱了的鬣狗是打算在这一地区展开搜索，看看是不是还有其他的食物竞争者。我们当然不是它的竞争者，它完全不必担心我们会抢腐肉吃。就这样，我们与鬣狗僵持了近20秒钟，谁都没有动。之后，它慢慢地继续向前，经过了厨房，逐渐远去了。

为什么那么臭

鬣狗不仅吃腐食，也会吃其他食肉动物的粪便。有时它们会躺在自己排泄过的草地上，还会在大型食草动物的粪堆中打滚……

因为对于嗅觉敏锐的鬣狗来说，任何气味都值得探究一番。在自己身上沾上新鲜的气味，能够引起同伴的兴趣。它们问候对方的社交日常就是互相抬腿让对方闻自己的生殖器。巡视领地的过程中，它们会时不时停下来，用肛腺在草

斑鬣狗能把骨头也咬碎吃下，其粪便含大量钙质，呈现灰白色

叶上留下一滴气味强烈的分泌物——这种气味可以保持30天之久。在一块斑鬣狗的领地中，科学家曾经数到过1600个这种气味标记。据分析，鬣狗有143种肛腺分泌物，共包含252种挥发性化合物，能描述每一只鬣狗不同时间和状态的特征。对我们来说臭烘烘的气味，对鬣狗来说却是很重要的信息来源。

重口味睡前故事

哈利被这个臭气熏天的家伙引起了回忆,讲起了他与鬣狗的故事。他原本是斯里兰卡的丛林向导。由于南非在自然向导培训方面最为专业,他选择来这里深造。他的导师是南非生态训练营元老级的导师布鲁斯,被称为导师中的怪兽。当时哈利正跟随布鲁斯参加徒步向导课程,要连续5天露宿在野外。

这天晚上,哈利他们这一队在一片相对开阔的地区夜宿,睡袋、来复枪和不停燃烧着的篝火是他们仅有的保护。熟睡中,他突然感觉到脸上热乎乎的,似乎有什么在舔着他的脸。他猛然从梦中惊醒,朦胧的星光之中,发现正在舔他的是一只斑鬣狗。他的脑海中,疯狂地回放着那些被鬣狗的巨齿重创的画面,他甚至没时间进行任何思考,本能地一记重拳,打在了鬣狗的脸上。没想到这咬合力惊人的家伙被他打得"嗷"一声跑了。

一拳打跑了斑鬣狗,哈利也完全没有了睡意,他跑过去把导师布鲁斯摇醒。布鲁斯睁开眼,听他战战兢兢地讲完刚才发生的事后,若无其事地冒出一句:"Oh, just hyenas…(哦,只是鬣狗啊……)"翻了个身,继续睡去了。留下仍在凌乱的哈利,不知还该不该回去继续睡觉。

这真是个重口味的睡前故事!当时哈利没有被斑鬣狗的口臭熏死,却不知那只被人打了一拳的斑鬣狗会不会肿了眼眶?

作为一种成功的食肉动物,斑鬣狗的数量着实不少。有一次,我们的游猎车开得比较远,大家都有点内急。在野外上厕所,一般都是找个灌木,由向导查看之后,大家在灌木后面解决。此时车子开在河边,有一丛灌木看起来很适合做遮蔽物,于是向导就下车去察看,没走几步就跑了回来——灌丛里窜出

养娃代价大

斑鬣狗可以说是养娃最不惜血本的食肉动物了

斑鬣狗是母系社会,雌性的地位高于雄性,从个头上看,雌性也要比雄性大10%左右,进食也好,交配也好,都是雌性说了算。雌鬣狗体内具有高浓度的睾酮,性格凶悍,生殖器外观和雄性几乎一模一样。按身材比例来算,斑鬣狗的产道要比其他哺乳动物几乎长出了一倍——比幼崽的脐带更长。这意味着斑鬣狗在生产的时候,不仅必然面临着产道撕裂的危险,幼崽也可能在生产过程中因脐带断裂后不能及时呼吸到氧气而窒息。有75%的头胎幼崽死亡,更有9%～18%的雌性斑鬣狗会在生第一胎时因难产而死。

即使顺利出生,小斑鬣狗也会面临着残酷的手足之争。斑鬣狗一般一次生2个幼崽,但在激烈的手足相残之后,有40%的斑鬣狗家庭在出生后一周就只剩一个娃了。之后它可以独享妈妈浓厚的乳汁——除了海獭和北极熊,没有其他动物的乳汁能有这样高的脂肪含量,而这种高能量的乳汁要喂哺14～18个月。

一只斑鬣狗。于是我们只好继续沿着河往前开。行驶了好几百米,我们又看到一丛合适的灌木,向导再次下车,结果里面又窜出一只斑鬣狗……如此重复了3次,搞得我们差点把尿都憋回去了。幸好第4丛灌木接纳了大家。

斑鬣狗的狩猎成功率比狮子更高

草原部落打群架

我们自己印象最深刻的斑鬣狗故事,不是发生在南非丛林中,而是在肯尼亚马赛马拉大草原上。无论对于食草动物还是食肉动物来说,马赛马拉大草原的食物都太充沛了。马拉河蛇行其中,两岸是整片草原最为炙手可热的地区,大型食肉动物如果能够在这里拥有一片标记自己气味的领地,就像是拥有了市中心的学区房一样:靠近珍贵的水源,每年7～10月角马大军到达之际,能随意捕猎,吃饱吃好。"黄金地段"的有力竞争者,除了最强大的狮群外,只有斑鬣狗了。它们在非洲的陆生食肉动物中,一个体型最大,一个咬合力最强,势均力敌,彼此仇视,却都拿对方没办法。3只鬣狗就足以对付1头狮子,而鬣狗家族常常有20～30名成员,这使它们在这场地盘争夺战中占尽优势。

"前高后低"的体态使斑鬣狗能拖动沉重的猎物

马赛马拉野生动物保护区分为核心区与缓冲区两部分,核心区即马赛马拉国家保护区所在区域,完全为野生动物服务,这里也是每年一度的角马大迁徙必经之地。核心区的限制极为苛刻,不允许当地村民放牧,不允许游客徒步或是夜游,严格禁止游猎车离开主路行驶。缓冲区也属于马赛马拉生态圈,其面积要大得多,在核心区的外围。这里多是私人农场或是私人保护区,管理相对宽松,当地居民可以放牧。

从地图上看,这两个区域有着清晰的边界,但事实上,只有主干道上有一个"假模假样"的大门,大门两侧并没有任何围网将两个区域分隔开。大门限制了车辆的进出,而野生动物则可以随意出入,对它们来说,这两个区域也并无本质区别。有时,缓冲区里村民养的牛,也会跑到核心区去。家畜肥嫩还跑不快,完全就是砧板上的鱼肉,只有被大型食肉动物随意宰割的份。近些年,人兽冲突问题已经越来越严重了,因为很多缓冲的私人农场都出现了过牧,整片草场寸草不生,牛往往会到核心区吃草。

那天,是马赛马拉之旅的最后一晚,我们抱着告别的心情,驱车扫视核心区的大平原,希望能有所斩获。目标很快出现了——斑鬣狗。其实那么多天来,我们已经多次见到它们了。在马赛马拉的核心区,仅统领营地到机场那5分钟的车程内就有一个鬣狗窝,整群有20只左右。有时,那些好奇的家伙,甚至会在机场出没,当地人把这群鬣狗戏称为"机场鬣狗"。我们曾好几次停下来看那些幼仔在洞穴旁打闹玩耍。

这次之所以让小伙伴们如此兴奋,是因为那些斑鬣狗正在集结,加入队伍的成员数量在不停增加。初步数了数,光我们越野车附近,就有20只以上,每一只都像有任务在身一样，拼命向着同一个方向飞奔。这可是相当不常见的。一般来说，就算是集体捕猎，也很少会出动超过20只成年成员，更何况周围并未见什么大型的羚羊啊。

我们坐着越野车紧随其后，准备看一场好戏。果然，鬣狗军团的目标相当明确。前方趴着一头雄狮，离它不远处是一头已经死去但依旧完整的牛。是的，那真的是一头"牛"，绝不是角马、非洲水牛或其他野生动物。

这么大群的鬣狗军团，若不是真打算一战成功、把狮子彻底赶出自己的领地，那就是实在无法抗拒家牛的美味诱惑。有趣的是，如果让食肉动物在野生动物与家畜之间选择，它们多数会毫不犹豫地选择家畜。不要认为茹毛饮血的野兽味觉与人类不同，人类精心培育出来的肉食，对它们来说也一样可口。家畜与干巴巴的野味相比，不仅肉嫩肥美，营养也更为丰富。迁徙季节，明明大家都不缺食物，但鬣狗们为了这道美餐，竟打算豁出去了。

雄狮卧在猎物旁边一动不动，它显然已经意识到事情的严重性。它必须在"拼命"与"逃跑"之间进行选择。凭一己之力要赶跑20多只鬣狗是绝无可能的，鬣狗擅长背后突袭，哪怕只被3只鬣狗围攻，要把后背保护好已很困难了。鬣狗的咬合力是狮子的三倍，只要被咬上一口，就算是狮子也难翻盘。

20多只鬣狗正向雄狮靠近，呼朋引伴的嚎叫声与兴奋紧张时发出的奸笑声响成一片，让人毛骨悚然。尽管是20对1的状态，鬣狗依然谨慎得要命，没有一只沉不住气，它们采用迂回战术，在狮子周围不停奔跑，扰乱它的心神。

雄狮明显按捺不住了，它看起来有点惊慌失措，后腿蹲着没动，依靠前腿把身体撑起来，拉长脖子，一声不吭，瞪大双眼惊恐地盯着身边的无赖们。它是否打算放弃万兽之王的尊严灰溜溜地逃走？

鬣狗群突然停止了骚动，竟慢慢撤出了这头雄狮的警戒范围。正当我们疑惑时，又一头雄狮的身影从远方出现了。它缓缓走来，还不紧不慢地在一棵

斑鬣狗仗着"人多势众"，甚至敢"狮口夺食"

小灌木上撒尿做起记号来。显然，它正在给鬣狗们传达一个信息："快从我的地盘上滚开！"原先动都不敢动的那头雄狮，此刻也恢复了平静，竟开始大口吃起那头牛来。鬣狗们虽然没有散去，却似乎只有流口水的份了。

看来，虽说一般3只鬣狗就能对付1头狮子，但只要有2头以上的狮子互相防守背部，那么哪怕20多只鬣狗也是拿它们没辙的。这看来是鬣狗与狮子之间都心知肚明的事。有两只狮子防守，就算肉再香，斑鬣狗也已没有发起进攻的必要了，它们只能等狮子们吃饱了再去捡残羹剩饭。

事实上，马赛马拉的核心区很少有单独行动的雄狮。雄狮之间的结盟虽然意味着它们必须共享雌狮群，却也让它们在应付其他雄狮挑战时更占优势，还能从容应对鬣狗的偷袭。越是资源充足的核心地区越不可能被独占，在这里，3～6头雄狮的结盟都不足为奇。狮子军团与鬣狗大军互相制衡，稳定了核心区食肉兽的数量。

5
热闹的丛林之夜

在一次丛林游猎中，与动物的缘分是不是够好，很多时候要靠看到了多少夜行性小动物来评判。"人品"不到位，去好几次南非可能都无法集齐"小神兽"。

"平头哥"人狠话不多

在中国莫名其妙地火了起来的蜜獾是"神兽"之一。很多人可能都不知道非洲"五大兽"是什么,可是"非洲一哥"的大名却如雷贯耳,各种关于蜜獾的段子层出不穷。什么"生死看淡,不服就干""非洲乱不乱,平头哥说了算""社会平头哥,人狠话不多""平头白发银披风,非洲大地我最凶"……蜜獾甚至还有自己的表情包:"打架不要告诉我有多少人,我只要时间地点;我不是在干仗,就是在去干仗的路上;我只想整死各位,或者被各位整死。"

人们曾经记录到的蜜獾"战绩"包括单挑狮子、直面毒蛇、怒怼疣猪、对战非洲野犬,等等,连BBC都特地拍摄了一部名叫《蜜獾——破坏大师》的纪录片。还有人帮蜜獾申请了吉尼斯世界纪录:"世界上最无所畏惧的动物。"

我对蜜獾产生兴趣,是源于20世纪80年代的一部老电影《上帝也疯狂》。在这个电影里,主人公不小心踩到了一只蜜獾,结果被蜜獾横穿整个沙漠追咬,最后蜜獾体力不支倒地,主人公只好拎着它走出了沙漠——故事是虚构的,但它把蜜獾的执拗性格刻画得入木三分。

事实上,蜜獾绝对不会像在电影里那样频繁出镜,在野外,它们其实是一种相当隐秘的动物,非常不容易看到。我和众多"平头哥"爱好者一样,即使多次出入非洲,也只能久仰大名而不得见。

在一次运气超好的旅程中,我终于在萨塔拉(Satara)营地见到了它的真容。那是在圣诞节期间,我们原本只打算在这个营地住一个晚上,就没有安排烧烤。没有吃的,房间外自然是"门前冷落鞍马稀",倒是隔栋有一家南非人在热热闹闹地烧烤,烤肉香味四溢。第二天清晨4:30就要出发去看动物,所以我们3:30就起床打包行李了。我们正准备把行李搬上车,隔壁屋的杰森突然叫

我："快来看，有平头哥。"

人家说得稀松平常，就和说"看，有只狗"没啥区别。可是我一听简直要跳起来了。往他指的方向看去，果然见到一只蜜獾正在一棵树边嗅来嗅去。我们抄起相机，慢慢向它接近。只见那只蜜獾鼻子贴着地面，慢慢悠悠地朝昨天做烧烤的那幢小屋走去。

那家人并没有起早的打算，屋子里一片漆黑。只见蜜獾熟练地走进他们的开放式厨房，驾轻就熟地推翻了垃圾桶，把半个身子探了进去，用前爪三下两下就把里面的垃圾扒拉了一地。不过，从平头哥的"表情"看来，那家晚上虽然做了烧烤，但值得吃的厨余并不太多，蜜獾对着一个酸奶盒子舔了半天之后，放弃了垃圾，继续向厨房深处探索。我们应该阻止它的……可是谁敢啊？这可是一哥！你看它明明知道有我们4个人在围观它干坏事，却完全不在意，对一只动物来说，没有一定的心理素质和胆量是做不到的啊！只见它走到灶

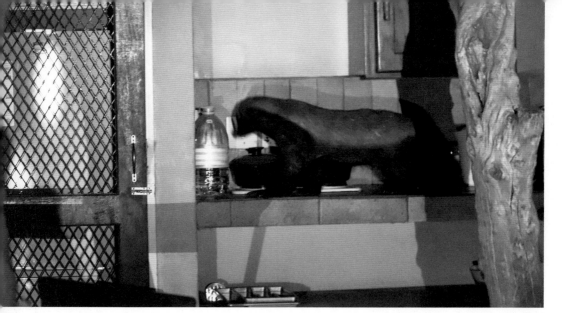

蜜獾扫荡厨房现场

台前面，用前肢扶着墙，用后腿站了起来，我们眼看着它把身体拉得好长好长。它非常灵活地跳上了灶台，把厨房里的东西挨个闻过去——锅子、烤面包机、麦片盒……亏得营地的锅子是铸铁锅，沉得很，还没那么容易被掀翻。蜜獾不慌不忙地探索完了，想来对这次"招待"不怎么满意，跳下灶台，穿过它造成的一地狼藉扬长而去，整个背影都显得意兴阑珊。

我想起以前住在克鲁格营地的时候，也曾经发生过早晨发现垃圾桶被翻的事件。晚上狒狒和猴子都不活动，当时我们以为是非洲野猫干的，现在想想，很可能在我们睡梦之中早就有蜜獾来拜访过了吧？后来我们才知道，克鲁格营地里为防范狒狒而特别设计的垃圾桶对蜜獾是完全无效的。这种垃圾桶有一个非常沉重的盖子，使用的时候必须提起盖子向两边旋转打开，我们用起来也觉得费劲，不知道蜜獾怎么会掌握了打开它的窍门。萨塔拉营地里有6只蜜獾成天翻垃圾桶。有一次，营地管理员想把它们都捉住转移到别的地方去，便弄了个捕兽笼，在笼子里放上沾了蜂蜜的面包作为诱饵。可是第二天早上一看，面包没有了，旁边全是蜜獾脚印，笼门也关着，可是笼子里什么也没有！

蜜獾和水獭、黄鼠狼同属鼬科，但它体型比较粗壮。在非洲，和蜜獾一样具有黑白配色的动物只有非洲艾虎和白颈鼬，但这两种动物体型都只有蜜獾的一半左右。黑白相间的臭鼬（属于臭鼬科）分布在北美，也比蜜獾小得多。所以在野外看到蜜獾是很不容易错认的。

蜜獾的毛皮松松垮垮，能在脖子被咬住的情况下转头反咬对方，因此连狮子、豹子这样的大型猫科动物都常要让着它三分。据说，猎豹幼崽的白色背毛就是在拟态蜜獾，有吓退天敌的作用。

"一哥"也有吃瘪的时候。蜜獾的名字来源于它爱吃蜂蜜和蜜蜂幼虫的习性，但约60%的袭击蜂巢事件最终都以蜜獾退败告终。在与蜜蜂的战斗中，蜜獾出色的夜视力为它带来一些优势——蜜蜂在晚上看不清，会集中对付蜜獾颜色较浅的背部，而这里的毛又长又厚，正是防护最周密的地方。因此蜜獾晚上袭击蜂巢得手的可能性会高一些。

蜜獾的食谱非常广，蝎子、蜘蛛、蜥蜴、蛇、啮齿动物、小鳄鱼、小羚羊等无所不包，甚至有取食水牛、蓝角马、水羚的记录（可能不是它们自己猎杀的）。在自然界中，蜜獾在控制啮齿动物、蝎子和蛇的数量上有突出贡献。蜜獾对一些蛇（包括鼓腹蝰蛇、眼镜蛇、黑曼巴等剧毒蛇）的毒液具有一定的抗性，甚至能捕杀4.5米长的蟒蛇。

蜜獾也是少数会利用工具的动物之一，它们聪明的脑袋瓜使人感叹："没有一个动物园能关住蜜獾。"即使是在野外，它们也是有名的捣蛋精。有研究者曾记录到蜜獾从疣猪的洞穴后方往洞里拨土，让洞里的疣猪误以为有豹子在扒它的洞，吓得人家夺门而逃。土豚白天在洞里睡觉时，喜欢用新鲜泥土把洞口封上，而挖掘能力仅次于土豚的蜜獾，则会爪欠地把人家的门给挖开。堂堂非洲一哥，干这些贱贱事，真的合适吗？

如果在野外偶遇蜜獾，千万不要惹它

土豚，你要挖洞到中国去吗？

有一些神兽不积累到一定的人品是无法看见的。我也从未想过我会好运到能与土豚这么近地面对面。

这天清晨，我们跟随着向导肖恩去徒步，一路穿越大平原，经过了斑马群、疣猪家族，还看了一会儿鸟。继续向前时，我猛然发现，在右侧不远处的丛林中，有一只土豚。我几乎完全无法控制自己，大叫了一声："Aardvark（土豚）！"

土豚这种动物在英语国家十分有名，原因是它的名字aardvark总是出现在英文字典的第一行。然而如果没有图片，看到这个词的人通常是一脸迷茫："非洲的一种吃白蚁、会挖洞的夜行性动物？这是啥？"其实，就算有图片，多数人也不认得它。看到图片，很多人第一反应就是："食蚁兽？要不就是猪吧？"实际上土豚和食蚁兽和猪都没有任何关系，在动物分类上它属于单独一个目——土豚目，是一种相当古老的非洲生物。也不能怪大家不认识，即使是每天浸淫在非洲丛林中的向导也难得见它一面。当时，我们的向导肖恩一听，立刻激动地回过头来。

大白天看到土豚是非常奇怪的。照理说，土豚是严格的夜行性动物，一般只有晚上12点左右才能看到它。但现在，它就在那儿非常放松地探索着什么，显然它也注意到了我们的存在，却一点都不介意，只顾做自己的事。我们试图接近它，这只土豚并未呈现出紧张的情绪，但总是与我们保持20米左右的距离。我们跟踪了它20多分钟，突然，它停下来，开始在沙地上拉便便，然后迅速用前爪挖沙子把便便埋了。

这是我自2016年以来看到的第二只土豚，而且近到难以置信！它一走，

大多数情况下，你是见不到土豚的，只能看到工艺品

土豚一般夜晚外出觅食，挖掘白蚁冢

大白天出现的土豚，我们跟踪了很久

我们就去查看了刚才它便便的地方。挖开沙土之后，我们看到了那蒜瓣形状的粪便，气味非常浓烈。我们一下子就理解了为什么土豚要把它埋起来了，赶紧又重新把这些都埋好，这样就不会有掠食动物通过气味找到它了。

后来，肖恩告诉我们，在他20年向导生涯中，这是第6次看到土豚，之前的5次，都是在半夜12点之后，而且都是在越野车上，每次土豚都是一瞬间就跑了。这是他20多年来第一次在白天徒步时看到土豚。他激动坏了，就好像20年的向导生涯终于有了回报。

如果你去南非，谁也不敢确保你一定能看到土豚，不过稍微留意一下，满地都能瞧见它留下的痕迹。土豚挖的洞很好认，直径大约在0.5～1米之间，说能钻进一个人也绝不过分。它的洞分3种类型。一种是取食洞，就是在白蚁冢上挖

向导肖恩说，20多年来，他第一次在白天徒步时看到土豚

土豚的洞穴又深又大

开的洞，这种洞边上常常会有散落的小土块——这是由泥土、白蚁碎屑和土豚的口水搅在一起形成的，还能清晰地看到土豚的足迹和爪痕。由于土豚挖洞时会用尾巴支持身体保持平衡，所以在洞边也能看到鲜明的楔形尾巴印。另两种是土豚栖息的洞穴，挖得更深一些：临时住一住的洞穴相对简单，长达3米，尽头是一个供土豚容身的大"房间"；用来繁育后代的"正宅"则是6～10米深的、极其复杂的地下迷宫，有很多个出入口（曾记录到60个洞）。在赞比亚，曾经有3个人在探索土豚洞时迷路，10天后人们才在洞中找到一个人的尸体。

土豚的洞穴造福了很多哺乳动物、爬行动物和鸟类。科学家发现，新保护区刚刚引入疣猪的时候，疣猪数量一般不会很快增长，直到引入了土豚，疣猪家族才开始兴旺。非洲岩蟒和巨蜥也会利用土豚洞穴作为产卵巢穴。

豪猪背上的刺较软，尾部的刺极硬

豪猪难搞定

豪猪也是行踪隐秘的夜行性动物，我们在野外多数只能看见它们散落在地上的刺。不过凡事总有例外，否则自然怎么会让人觉得魅力无穷呢？我们10年前在保护区工作时，曾经有过和豪猪对峙的经历。没错，小小一只，把两个大活人搞得手忙脚乱！

那天，我正要去发电机房开发电机，却看见一只黑黑的东西蜷缩在角落里。原来是一只大豪猪，还在呼呼大睡呢。前几天，邻居丽莎向我们诉苦说，有只豪猪在附近转悠了一个星期，把她的花园挖了个遍，把块茎植物的地下部

这只倒霉的羚羊可能踩到了豪猪，又被它攻击了

分吃了个精光，留下一片东倒西歪的茎叶，她只好把那些地上部分重新插在泥里装装样子——看上去貌似完好的花园，一朵朵花都垂头丧气的。看来就是这只大模大样的豪猪干的好事了。

　　我和丽莎决定把这只豪猪捉住，送到远一点的地方去。起先，我们拿了一块很大的布，想用布把它包住，再抱起来。不料刚刚碰到它，豪猪就醒了，"呼"地一下，全身的刺都竖了起来，身体足足涨大了2倍，像一朵硕大无朋的刺花。抱是抱不下手了，我们又找来一个黑色的大垃圾桶，试图用扫帚把它赶到桶里去。对于我们的强硬手法，豪猪也毫不示弱，转过身来背对着扫帚，发出"呼""呼"的声音，一下又一下地倒退向后，发动攻击——不一会儿，扫帚上面就扎满了黑白相间的刺。

从扫帚的"受伤"情况可以明显看出，最具有攻击力的刺来自豪猪的尾部。豪猪身上的刺比较长，能先一步刺中敌人，但也比较细软，造成的伤害并不大，尾部的刺则又粗又短，扎过来的时候充满力量，攻击力相当惊人。幸好我们两人一个站在垃圾桶后面，一个人站在发电机的水泥架上，要是没有这些东西的保护，恐怕腿都要被扎成蜂窝了。

　　站在水泥架上的是我，在"扫豪猪"之前，我从没想过一只啮齿动物能有这么大的力气。最后，丽莎戴上厚厚的工作手套，拿了垃圾桶的盖子当盾牌，硬是把豪猪逼到了角落里。这样就好办了，我的扫帚再加一把劲，就把豪猪赶进了垃圾桶。我们赶紧把垃圾桶竖了起来。豪猪虽然非常善于挖掘和打洞，但是对于厚塑料做的垃圾桶还是毫无办法。一旦进了黑漆漆的桶，豪猪反而平静下来，可能是因为它比较习惯黑暗的环境吧。

　　我们把桶搬上车，把车开到河对岸，在那里把它放掉了。从桶里出来的时候，豪猪一点也不慌张，扭动着肥肥的身子，大摇大摆地向河边走去，还不时地用余光瞟我们一下。

　　对于聪明而顽强的豪猪而言，人类也许是它们唯一的、最可怕的敌人。有些人把豪猪当成美味佳肴而盗猎它们。我们曾经在巡视保护区围网的时候，发现有人烧烤豪猪留下的残骸。豪猪的刺是南非很常见的装饰品，但市场上售卖的豪猪刺，并不一定是从地上一点一点地收集起来的——不可能有那么多人成天在野外收集豪猪脱落下来的刺。尤其是那些最具有装饰效果的长刺，在野外是几乎不可能靠捡拾收集到的，售卖的豪猪刺很可能就是来自猎杀。每次在商店里看到，我都会觉得于心不忍。

其他夜行动物们

喷点变色龙　薮兔

斑麝　跳兔

横斑渔鸮　栗颈走鸻

71

6
"彭彭"的真实生活

　　关于美丑这件事,动物和人类显然各有不同的看法。以人类的标准来说,疣猪确实长得不好看,如果你能从它们的脸上看出可爱来,那你就算彻底迷上了非洲。

喂鸟引来"推土机"

　　南部非洲多数地方都很注重与动物互相尊重的相处之道,不论是在保护区还是在酒店,都把"禁止投喂"作为金科玉律。所以当我住进纳米比亚大猫中心,住宿"管家"指着房间里装着玉米粒的小罐子说"给你们喂鸟"的时候,我是很惊讶的。他还特别向我们卖了个关子:"说不定也有别的动物会来。"

　　有了酒店的怂恿,我实在是好奇这些玉米粒究竟能把什么引来。果然,这里是有投喂传统的,我抱着罐子一出门,旁边的各种鸟就向我聚集过来。珍珠鸡本来在附近的水塘里喝水,一看到我把玉米粒撒到地上,立刻飞奔而至,体型与之相近的红嘴鹦鹉自然也不甘示弱。鳞额编织雀、灰头麻雀之类的小鸟更是见缝插针,查漏补缺,吃得非常欢快。长着"香蕉嘴"的南黄弯嘴犀鸟仗着

珍珠鸡的脸部色彩丰富

《狮子王》中疣猪彭彭的好朋友沙祖就是南黄弯嘴犀鸟。

自己体型大，几乎跳到我身上来讨吃的，一时场面有点混乱。

　　两只大货的出现让众鸟往后退了一些，来的正是《狮子王》里彭彭的原型——疣猪。办理入住手续时，我们就看到房屋旁边有疣猪在游荡，这倒也并不奇怪：疣猪有"天然割草机"的美誉，它们不怎么怕人，一般也不会对人造成什么威胁，所以很多保护区的酒店都会任凭疣猪在里面走来走去。原来管家说的"不速之客"就是它呀。

　　这两只疣猪显然也是常常来吃白食的。那只年轻的还比较警惕，和我保持着一点距离，那领头的老母猪则老实不客气地朝我越走越近，近到我不得不放下手中的长焦相机，换广角相机来拍它。这么近看，它真的是好丑！

　　疣猪这种动物早已"丑名远扬"，不仅毫无争议地被列为"非洲五丑"之一，竟然还入选了"全球丑陋动物"Top10榜单，真是丑出了一定的水平！疣猪的风评主要毁在脸上：脑袋占到全身1/4～1/3，长成个铁锹形，皱巴巴的脸

疣猪早已"丑名远扬"，但它们才不在乎人类怎么看。

上有着非常显著的突起；脸的下部，獠牙肆意向外突出，颇为狰狞；毛发的密度一言难尽，浓密一点或者干脆是光的都好，可它偏偏就是稀稀拉拉几根，一副将秃未秃的样子。

　　我看着它们那对外翻的獠牙，心里有点发怵。因为在训练营里，老师曾经告诫我们：在野外看到土豚洞穴的时候，千万不要站在洞穴正前方，万一里面有疣猪冲出来，人很容易被它们撞倒，严重的话会被撞断腿骨。我就想，反正玉米也不多了，赶紧喂完吧，不能光给胆子大的吃，也要关照一下它身后的年轻疣猪才对。于是，我把玉米往另一只疣猪那里多撒了一点。没想到老母猪这就不干了，跑上来用粗糙的鼻子拱了我一下。我大吃了一惊，失去了重心，差点被它给拱倒了。后来想想，这一下拱得并不重，甚至有点撒娇讨食的意思，可是人类真的承受不起疣猪的撒娇啊！我一晃悠，疣猪顿时开心了——手里玉米粒撒了一地，它冲上去全吃了。希望它不会因此而总结出"拱翻人=有吃的"这样的结论，要是变成了问题动物可是会被杀掉的！

给野生动物喂食?NO!

给野生动物喂食看起来似乎是个拉近人和动物距离的好办法,不论在国内还是国外,总是有人抵制不住诱惑,要拿食物去和动物套近乎。实际上这会带来大量问题。

喂食会改变动物的饮食结构。很多动物在野外会吃种类多样的食物,但人类喂食只会让它们大量摄入少数几种食物,造成营养不均衡。有些动物可能会把包装一起吃下肚。

喂食会造成动物聚集,导致传染病蔓延——特别是在动物因投喂而健康状况不佳的情况下。这一点在克鲁格的几个大野餐点非常明显。那里有一些猴子和野鸟时常来餐桌边碰运气,或者直接"顺"走游客没看护好的食物。这些动物要么秃了头,要么秃了脖子。我不知道这是因为摄入油盐过量、营养不均衡,还是因为过度聚集感染了寄生虫。

人工投喂会造成动物行为的改变。动物一旦把人和食物联系起来,对我们来说可就不太妙了。在自然界中,食物遍地都是,只要有本事就可以拿过来,所以动物会养成偷抢的习惯。很多野生动物具有很强的攻击性,这会直接威胁到人身安全。遭遇过峨眉山的强盗猴子的人可能已经深有体会,若换成非洲的狒狒又当如何? 人家可是连豹子都不敢随便招惹的对象!

在南非,有些地方会特地竖起牌子告诉大家:"You feed them, we shoot them!(喂它们等于杀它们)"——那些已经养成强盗习惯的问题动物会被杀死。虽然很遗憾,但这也是保护区工作人员职责的一部分。

投喂造成的后果还有很多,比如很多接受人类投喂的动物都是自然界中难以觅食的老弱病残,投喂会让这些本来会被淘汰的动物留下后代,并不利于动物的种群健康等。

在野餐点"要饭"的辉椋鸟秃了头

丑八怪理直气壮

关于疣猪为什么会那么丑,有各种各样的说法,最出名的是一个非洲民间故事:"疣猪因为自视甚高,被其他动物所讨厌,豪猪为了教训它,就躲在洞里,等疣猪回家时扎了它一脸刺。而疣猪被扎之后,就再也不敢直接钻回洞里,从此之后都是倒退着进洞的。"

疣猪倒退进洞是事实,但原因倒不是怕被豪猪扎。疣猪在洞里不好转身,倒退进洞,出洞时就能头朝外迅速直冲出来。而且疣猪有个铁锹形的脑袋,如果正面进洞,有被卡住的风险——这事真的在人工饲育的疣猪身上发生过。当然,屁股进洞的方式也有风险。进洞的时候它可不知道洞里还有谁——如果真的是豪猪,那屁股上难免会扎上两根刺;如果是斑鬣狗,那屁股上真要少块肉了!

疣猪的外貌和它的生活方式是分不开的。铁锹般的脑袋,对应的是挖掘食物的习性。在南非的冬季(旱季),疣猪主要靠挖掘植物的地下根茎来获得营养和水分。人们常常见到疣猪前腿弯折、跪在地上,用粗短的脖子作为杠杆,充分发挥脑袋的"铁锹"功能,把地下的植物根茎挖出来吃,连刚出生的小疣猪肘关节上都带有"茧子",一出生就做好了挖地的准备。在植食动物中,只有河马和疣猪两种动物可以连续12小时不进食,河马靠的是降低新陈代谢,而疣猪主要就是靠吃更能饱腹的地下根茎。就算在雨季不需要挖掘,它们也会用这平锹一样的吻部,极有效率地啃食嫩草。

疣猪的獠牙不是随便长长的,而是保护自己和幼崽、争夺配偶的实用杀伤性武器。雄性疣猪的上獠牙可以长到60厘米,下獠牙虽然不及上獠牙那么长,只有13厘米,却也超过了狮子犬齿的长度,而且非常锋利。除了狮子以外,

疣猪的长牙十分粗壮有力

很多食肉动物在大白天都不太敢主动招惹疣猪。有人目击疣猪和斑鬣狗在同一片树荫下相安无事地休息；有人见过带着小疣猪的母疣猪把豹或猎豹赶得到处跑；有2只雄性疣猪战胜16只非洲野犬从围猎中逃脱的纪录；甚至还有人目击疣猪从猎豹和非洲野犬那里抢东西吃（不知道抢的是动物尸体还是胃内容物）……即使是狮子，若是没有经验，偶尔也有被疣猪干掉的事情发生。可见这獠牙的战斗力还真不一般。

疣猪的疣不是病，是具有实际功能的。雌性疣猪只在眼下有一对疣，雄性疣猪除了眼下那一对之外，獠牙上方还有一对。这是它们的"肉盾"，在相互打斗的时候，疣能保护眼睛和脸颊。

虽然没有几根毛，但疣猪身上的毛也很有用。疣猪的背部有一溜鬃毛，在它们紧张的时候会竖起来，具有放大体型、虚张声势、恐吓对手的作用。另一组显著的毛发是疣猪脸颊上的两撮白色胡须。这在未成年疣猪、獠牙长度不如雄性的雌性疣猪身上特别明显。它的用途是模拟雄性的长獠牙，吓唬敌人。不过，疣猪身上的毛比较少，更容易被一些蜱螨类的寄生虫侵扰，所以疣猪会主动寻求其他动物的帮助，红嘴牛椋鸟、缟獴、青腹绿猴、弯嘴犀鸟等都会为疣猪清理寄生虫。

疣猪脸上的疣可以在打斗中保护眼睛

谁是最受欢迎的猎物

在非洲丛林里，"哪种动物是最受欢迎的猎物"是个争议很大的话题。如果狮子能自由"点餐"，它们多半会挑体型大的，比如大捻角羚、蓝角马、非洲水牛甚至长颈鹿等——毕竟有那么多家庭成员要等着吃饭，总应该先考虑吃饱再考虑口味吧。不过，疣猪却是它们最爱的美食。豹和斑鬣狗也爱捕猎疣猪——虽然需要冒相当大的风险。前面我们也说过，疣猪的抵抗不容小视：锋利的下獠牙分分钟可以把对手划得皮开肉绽；跑起来也不慢，时刻准备逃进洞里，让捕食者们望洞兴叹。当然，它们也足够警觉：如果你在非洲丛林乘坐

疣猪是狮子"餐桌"上的常见猎物

越野车游猎,拍摄到的疣猪照片一般全是屁股和像天线一样竖起的尾巴。但在我们目击的好几次食肉动物捕猎行为中,疣猪都是被捕猎的对象。

在一次游猎中,我们发现了一个由5头成年雌狮和3头年轻狮子组成的家族。正是傍晚时分,它们懒洋洋地打着哈欠。目测它们在短时间内不会有大动作,我们决定等天黑之后再回来看它们。

越野车开出20多米后,我们发现一只疣猪正在啃食沙地里的草根。越野车刚停稳,疣猪就向另一侧的灌木丛跑去,一拐就不见了。"这只疣猪离狮子好近啊!但愿狮子不会发现它。"我这么想着。

"哼哧哼哧……哔!"刚才疣猪跑进去的灌木丛里传出响亮的猪叫。虽然看不清里面发生了啥,但从声音听起来,像是疣猪受到了一万点惊吓。

惊心动魄的一幕出现了:这只疣猪冲出灌木丛,向我们的方向跑了回来,它身后紧跟着一头狮子! 它在我们越野车附近拐了个大弯,向车的左后方飞奔而去。"完了,那不就是刚才那个狮群所躺的地方吗? "

果然,那里瞬间传来了持续不断的尖叫声。我们赶紧把越野车倒回去。疣猪的脖子被叼在一头雌狮的口中,四条腿在空中疯狂乱舞,却绝无可能摆脱体型比它大得多的狮子。狮群的其他成员,起初还都在旁边坐等疣猪断气,但很快就忍受不住鲜血的诱惑,扑了上去。一头狮子在臀部吃了起来,另两头咬住疣猪的腹部开始撕扯。这画面与纪录片中角马被狮子咬住后快速毙命的场面完全不同。一般来说,狮子的尖牙能轻松插入猎物的颈椎使其立即瘫痪,但疣猪那又短又粗的脖子使得狮子不仅无法把尖牙刺入,甚至无法让它窒息。

那头咬着疣猪脖子的雌狮一直没有松口,它站起身将猎物向着灌木丛的方向拖了几米,其他的狮子则立刻跟上。一头硕大的雄狮不知从哪里出现了,它显然是被疣猪的尖叫声与空气中弥漫的浓烈血腥味吸引来的。随着雄狮的加入,整群狮子以疣猪为圆心,围成了一朵花的形状。对于那么多狮子来说,这一丁点大的小家伙,可能连点心都算不上,但过了10分钟,我们仍能看到疣猪在挣扎。一名队友说:"看到疣猪被吃的过程,整个人都不好了。"

我当时怀疑是不是因为我们的越野车阻挡了疣猪的视线,才造成了这次惨案,但回忆整个过程之后,我发现那头将疣猪赶向狮群的雌狮其实早已埋伏在灌木丛中了,这是一场有预谋的狩猎。

疣猪没有厚厚的皮毛，也没多少体脂（"肥猪"和它挨不上边），它们要靠洞穴来躲避炎热和寒冷。天气不好的时候，疣猪有可能一整天都躲在洞里不出来。疣猪是猪家族中最适应干旱草原甚至荒漠的物种，限制它们分布的一个主要因素是当地的土质是否适于挖洞。疣猪的挖掘能力不差，但大多数时候它们使用的还是土豚和豪猪的洞——如果有现成的洞，那当然是能省一事就省一事啦。所以，土豚多的地方疣猪也多，因为有免费的房子嘛。

疣猪家庭一般有10个左右备用洞穴，它们会在这些"房产"之间来回轮换住。这一部分原因是逃避寄生虫：在一个地方待久了，寄生虫就会越来越多；另一部分原因，是为了防止被捕食者盯上。像豹这样的捕食者，向来是很有耐心的，它会在洞口潜伏好几小时，等待疣猪一家出洞。因此，疣猪出洞时，会高速直冲出去。

在野外看到土豚洞穴，一定不要站在正前方，容易被寄住的疣猪撞伤

7

当犀牛遇上人类

　　对于有一定生态学知识的人来说，"可爱与否"并不重要。一种物种的消失总是会导致更多物种的逝去。这种连锁反应，才是我们真正应该担心的。犀牛就是最典型的例子。

犀牛视力是真的不好，但是听觉和嗅觉都很灵敏

赤着脚才追得上

"大家把鞋子脱了。"

啥？听到这句话我愣了一下。我还是第一次听到这种命令。

此刻，我们正在动物追踪师诺曼的带领下，徒步追踪一大一小两只白犀。诺曼是马库莱基地区的本地人，他自小在野地里长大，凭借自己的努力，考出了南非高级动物追踪师资格，对付动物很有一套。我们虽然疑惑，但徒步时不能质疑向导的命令是铁律，大家只好乖乖照做。

犀牛是非常警惕的动物。虽然它们的视觉不太好，但听觉和嗅觉非常敏锐。有经验的动物追踪师会从下风处尽可能悄无声息地接近它们。我们牢牢闭紧了嘴巴，连相机也不敢用。但当我们的鞋子踩到草叶或树枝时，总是不可避免地发出些许声响。就是这些细微的声响让带着娃的犀牛妈妈不甚自在。每当我们走近一点点，它就会再次移动脚步，主动拉开距离。于是，就出现了开头那一幕。我们一行人赤脚踩上非洲大地，在诺曼的带领下再次向犀牛的方向慢慢绕行而去。

这里的地面是沙土质的，粗糙但并不硌脚。地上有不少带刺灌木的枝条，我们只能仔细小心地绕过去。真正的痛苦来自地上的草。非洲的草全都是武装到牙齿的，而眼下我们脚边的正是先锋草种——它们的芒特别糙，动物都不吃它。芒刺扎到脚里，大家一个个都默默地龇牙咧嘴，不住地用手去拔，显得十分狼狈。

先锋草种

先锋草种指的是在条件较差的环境中率先出现的草种。这些草能产生大量的种子，传播能力很强，能在贫瘠的土壤上迅速生长，采取"快生快死"的一年生策略。这些草一般营养价值很低，很少有食草动物去吃它们，也正因为如此，它们才得以生存下来，为下一批植物的生长演替创造了条件。

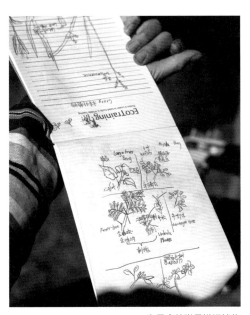

向导会教学员辨识植物

但是，没有一个人抱怨，因为我们在脱下鞋子之后，立刻感觉到了明显的差异：原先穿着鞋子走路的"沙沙"声，自脱下鞋袜赤足行走开始就完全消失了。我们变成了某种悄然无声的动物——原来，这才是人类原本在非洲原野上的样子。

跟着诺曼赤足踩在非洲大地上，在灌木间草丛中迂回曲折地穿行，我们终于来到距离犀牛母子20米左右的地方。犀牛妈妈平静地看着我们，而它身边的孩子已经躺在地上睡着了。

这并不是我第一次近距离遇到犀牛。犀牛糟糕的视力使它们很容易在出乎意料的情况下与人狭路相逢。我们曾在驾车沿旱季的河道行进时，遇上从两侧密林中横穿河道的白犀"军团"。9只冲下河滩的庞然大物就在我们面前骤然刹住脚步，扬起一堆沙尘，在离车辆仅数米之遥的地方与我们对峙好几分钟，让我们紧张得气都透不过来。

犀牛喜欢泥巴浴，
湿泥可以帮它们
抵御寄生虫。

赤脚行走，我们顿时成了行动无声的野生动物

　　但这次与犀牛母子面对面，却并没有当时那样的压迫感。虽说在丛林中，我们都会默认带着幼崽的母亲是最危险的动物，但此时，由于我们小心谨慎，小犀牛很放松，犀牛妈妈也没那么紧张。我们静静地与它们相处了5分钟，然后在诺曼的示意下，原路返回，悄悄退出它们的视线。自始至终，它们都没有刻意远离我们。

　　只是一双鞋子的差异，却隔开了我们和大自然。人类可以有这么强的追踪能力、可以接近犀牛到这种程度，这是我们从未想到过的。当我们又踩着草、龇牙咧嘴地走回来重新穿上鞋袜时，不得不说，那瞬间的感觉简直舒坦得像是倒在懒人沙发里一样。我忍不住想要感叹——鞋子是多么了不起的发明啊。照片我还是悄悄地拍了几张的，照片一发到朋友圈，就有损友瞬间出现：“你们怎么那么像盗猎者？”

往往有鸟类在犀牛附近，等着捕捉它们穿过草丛时惊起的昆虫

超级近视眼

保护区的路线错综复杂，在地图上看形同蛛网。这种路线设计，显然是为了能够在茂密的丛林之中更好地寻找动物。要把某个区域的道路认清，得住两个月以上才行。在林间路上，飞驰的越野车、扬起的沙尘、对前方的期待，会让人陷入某种恍惚的状态，与动物偶遇则像是晴空之中打下的一个惊雷。

有一次，我们的车正路过一条小径，前方是一个向左的转弯，树叶茂密，完全看不到弯道前20米的路面上有什么。正当我们进入弯道时，一头犀牛竟然迎面撞了上来！

带队的向导和助手,所有人排成"一"字行进

　　那可是一头犀牛啊!一头成年犀牛,体重与一辆越野车相当,那要是撞上,越野车估计就直接成废铁了。带队的向导约翰一脚刹车踩到底,我只觉得人都要飞出去了。据说在特别紧张的时刻,时间会突然放慢,这次我算是体会到了:犀牛的一举一动都细致入微地展现在我的眼前。它与我们一样,对这突如其来的危险没有任何准备,它也同时"急刹车",其猛烈程度绝不亚于我们,我看到它前腿伸长、拼命往前抵,身体都变形了,有点接近动画片里的效果。我甚至觉得自己看到了犀牛脸上震惊的表情。沙地里凭空扬起烟尘,并迅速散开,把我们与犀牛整个包裹了起来。随之而来的,是一片彻底的寂静。接下来的2秒钟内,时间就像凝固了一样,没有人尖叫,没有人说话,没有人动弹,呆若木鸡的犀牛也僵硬地站在那里。"犀牛!"有人终于出声了。几乎同时,那

头白犀一转身，消失得无影无踪。那凝固的2秒，我们所有人与一头犀牛共同经历了一段内心极度澎湃而表面极度平静的时刻。这将会以怎样的形式，存于我们的记忆中？

话说，犀牛可能是世界上最不喜欢奔跑的动物之一了，这次真是跑出最高纪录了。它们身形巨大，是一些性子耿直的家伙。当犀牛试探着朝我们走来时，你几乎都能脑补它们眯缝着眼睛时的心理活动："哎，那啥？谁呀？咋回事？我看看？哎哟我的妈！人啊！"我觉得犀牛之所以被列进了非洲最危险的"五大兽"，说不定就是因为当它们搞清楚面前的是啥东西的时候，早就超出了自己的心理安全距离，来不及跑，只能发起攻击了。

惊魂初定，我们再次出发去游猎寻找动物。在一个水塘附近，我们看到了一对犀牛母子。雌性犀牛的角已被锯掉，现在又长出来了一点，看起来很粗壮，顶端呈现半球形。那头小犀牛才一丁点儿大，十分警觉地盯着我们，它妈妈则只顾低头喝着池塘里的水。这种情形理所当然：成年的犀牛是高度近视，一般只能看清5米以内的物体，听觉与嗅觉才是它们探察周围的主要感官，而小犀牛的视力则要好上许多。所以，小犀牛总是紧张兮兮，像是有点神经过敏。这头小犀牛在母亲身旁不住地跑来跑去，它那大惊小怪的样子，把我们都逗乐了。以往，我们也遇到过这样带着娃的犀牛妈妈，妈妈往往会用嘴去抚摸小犀牛的头，似乎在安慰它不会有事的，它们显然是对小犀牛的过度反应觉得奇怪，因为它们自己并看不到什么。我们尽可能地保持安静，慢慢地，这对母子也就适应了我们的存在。

在野外，所有的犀牛都有自己习惯的路线，每天在差不多的时间和地点吃饭、喝水、睡觉，过着非常有规律的生活——或者说，太过规律了，以至于盗猎者只要掌握了每头犀牛的习惯，便可以用守株待兔的方式埋伏在它们的固定路线上捕杀它们。

犀牛威武的长角

要角还是要命？

在我们营地所在的保护区里总共生活着9头白犀，随着南非的盗猎形势愈发严峻，这些犀牛每天都有遭遇不测的可能。肯尼亚的一些国家公园为了防止犀牛遭到盗猎，为每一头犀牛配备了持枪警卫。这里没给它们配警卫，而是采取了另一种措施——锯角。犀牛鼻子上方的犀角将被锯掉90%，以减少它们对于盗猎者的吸引力。管理人员用直升机来追踪犀牛的动向，经过麻醉、锯角、苏醒的一整套程序之后，这些犀牛失去了它们的"尊严"，换取了从人类的猎枪下幸存下来的机会。虽然就算只留下那7%的角，犀牛仍可能遭到盗猎者的残忍杀害，但如果整个地区都进行了锯角行动，这些地区被盗猎者光顾的概率会下降。

克鲁格国家公园里的犀牛没有锯角，是少数我们能见到犀牛真正样貌的地方之一，因此它们面临着非常大的盗猎风险。在克鲁格的营地一般都会有动物观察记录板，向导或者游客会把自己在某一区域游猎观察到的动物

被锯过角的白犀

标识在上面,方便后来者去寻找,但犀牛的位置却是不标识的,就是因为这个原因。

其实,保护犀牛不单单是在保护这一个物种,而是同时保护了和它相关的食物链——虽然其中有些环节并不那么可爱。比如,犀牛胃蝇(*Gyrostigma rhinocerontis*)。这是一类非常重口味的寄生虫,其幼虫一般寄生在动物的胃部或皮下,以宿主的血肉组织为食。好在每种胃蝇各有自己的宿主,一般并不会乱咬一气。犀牛胃蝇以犀牛为宿主,成虫只能活3~5天,交配后会把卵产到犀牛头部——通常在犀角附近的皮肤上。幼虫会穿破犀牛的皮肤进入其血液循环,最后到达胃部,在那里生活几个月后,通过肛门离开宿主化蛹。犀牛胃蝇只要数量不太多,对犀牛的影响并不大。现在的问题是:这种昆虫现在已经非常非常稀少了。以至于博物馆和分类学家都会为拥有一只犀牛胃蝇的成虫标本而自豪。另两种同样寄生在犀牛胃中的胃蝇*G. conjungens*和*G. sumatrensis*更惨:人类最后一次见到*G. conjungens*是在1961年,而对于*G. sumatrensis*的全部了解仅来自一只幼虫。

更少见的黑犀

大家伙连尿尿都很壮观

胃蝇减少甚至灭绝的原因，自然是因为犀牛数量的下降。黑犀的数量从1960年的10万头降到现在的5300~5600头，极度濒危，白犀也不容乐观。北白犀已经被视为灭绝，而南白犀在南非也一度从克鲁格地区完全消失。1961年，克鲁格地区重新引入南白犀后，数量才有所恢复，但现存不到2万头，被列为"近危"物种。近年来不断抬头的犀角贸易更多地将目标集中到白犀身上。因为黑犀在受到攻击之后，会选择反击或者遁入树丛，而白犀喜欢生活在开阔平原，更倾向于聚在一起，遇到危险时，它们跑到自以为安全的距离之后，会再停下来回头看情况，这就给了盗猎者可乘之机。另一方面，白犀的角也比黑犀更大一些，因此，它们成了盗猎者的首选目标。可怕的是，以上所说的还是所有现存犀牛家族中状况最好的两种。分布在亚洲的另外三种犀牛——印度犀仅剩3500头左右；体型最小的苏门答腊犀不到80头，爪哇犀目前还剩69头。

失去犀牛，并不只是失去一个"威武""可爱"或"神奇""值得观看"的大型动物。研究显示，犀牛在整个生态系统当中都有着重要的作用。拿白犀来说，它们的取食行为会帮助草原形成高低草错落的植被分布格局，有利于生物多样性，让很多昆虫、节肢动物、鸟类受益。白犀的取食行为能使草场维持开阔的短草状态，不仅有利于吃低草的动物（如角马）取食，也能让它们及时发现捕食者。其他与犀牛有关的动物包括：牛椋鸟——它们会取食犀牛身上的寄生虫，同时也为犀牛提供警报；牛背鹭与燕卷尾——它们会与犀牛同行，吃被犀牛惊扰起来的昆虫等。

即使人类可以通过在动物园饲养犀牛然后野放的方式来恢复一个地区的犀牛种群，但犀牛胃蝇这样依赖它们生存的物种却仍可能彻底灭绝。很少有人会注意这些"小物种"，IUCN的红皮书里甚至都不会出现它们的名字。正在发生的第六次大灭绝中，更多物种正是以这样悄无声息的方式消失的。

黑犀和白犀

在野外，你看到的犀牛颜色其实取决于它们生活区域的土壤颜色——它们有在泥塘中"洗泥浴"的习惯，洗完之后身上常常裹着一层泥。

区分黑犀和白犀最简单的方法是看嘴唇。生活在开阔地的白犀主要以禾本科植物为食，具有宽阔如割草机的嘴唇——白犀所谓的"白"（White），其实正是来源于南非语"宽"（Wye）的误传。而生活在树林地带、以树叶为主食的黑犀，嘴唇是尖的，如同枝剪一般。

如果犀牛带着宝宝，也可以从犀牛宝宝和妈妈的相对位置来判断其种类。大多数情况下，黑犀的宝宝总是跟在妈妈后面，靠妈妈给它在树丛中披荆斩棘开路，而白犀的宝宝常常走在妈妈前面，便于妈妈看护。

白犀宽而平的嘴巴像割草机一样

8

水牛与越野车顶牛

　　当人们看到非洲水牛时,难免会自动代入田园牧歌的情调。但非洲水牛却是"五大兽"中最危险的动物。我们行走非洲多年,从来没受到过狮子和豹的攻击,但却被非洲水牛欺负过。

在被非洲水牛袭击之后，每次路过牛群都有点心有余悸

"给个面子啊，兄弟"

那次事件发生时，带队的向导是马克。他是我第一次在训练营学习时的老师，有着近30年的野外经验。然而即使是在这样的老师的带领下，队员还是经历了惊心动魄的一刻，直到几个月后还心有余悸。

那一年特别干旱，即使是雨季，河里也才出现三次流水，树丛也显得有些干枯。那天游猎已接近尾声，马克把路虎车掉了个头，突然发现一坨"粑粑"挡在正前方的路上。"这是非洲水牛的粪便，还挺新鲜的。"马克说，"我们可能会在附近遇到它们。"他说对了，我们果然"转角遇到爱"——就在林间道路的拐角、离越野车10米处，有两头深黑色公牛站在1点钟方向。于是马克把车停下来，给它们让路。

见人类这边安静了，其中一位牛老兄就慢悠悠地踱向越野车后方。走到离车5米处时，它不知道在想什么，忽然向马克所在的主驾驶方向走去。马克经验老到，轻轻敲了一下方向盘，全车人会意，停止手头的一切动作，屏息凝神等"大哥"先过。

没想到这老兄一点也不领情，退了几步，突然向第二排座位的边门撞了过去。车子发出"哐"一声巨响。这声音似乎刺激了它，它后退几步再次猛冲。整个车都被撬了起来！马克情急之下大喊："快坐到另一边！"车上的人也顾不得动作太大会刺激到水牛了，"唰"一下都挪到了远离牛角的那边。越野车可真惨了。水牛不仅把门撞了个对穿，还把自己的角给卡住了。马克直叫："兄弟，何苦呢！不必这样吧！"但这位"兄弟"一点都不念兄弟情，继续撞车门。

马克见公牛不想放过越野车，赶紧把车发动起来，但也只能走出几米而已——牛角还卡着呢。公牛歪着头随着车跑了起来。马克驾驶技术娴熟，油门一松一紧，车速忽快忽慢，终于把牛角松了出来。牛角一脱出，马克立刻抓紧时间把油门踩到底，赶紧跑！但这下牛魔王真的被激怒了，绕到车尾左边猛追，想要顶车泄愤。它在车后叮叮当当地用牛角撞车厢，越野车直跑了100多米才把它甩开。等找到安全的地方，马克停下来看看受伤的路虎，心痛不已：车厢侧边被牛角撕开的口子有一台微单相机那么大，里外两层全部被击穿。

大多数动物在正式发动攻击之前会有警告行为（有些还会进行多次试探），有经验的向导可以据此提前采取行动。比如一旦解读出是我们进入了它们的领地，就要安静快速地后退——正确的应对在大多数情况下能化解危机。但非洲水牛可不会给你任何提示，一旦冲过来就是玩真的，不把对方踩烂或顶飞决不罢休。很多野外向导都说：这样的经历，绝不想碰到第二次！

营地里的"瘾君子"

当然,多数时候非洲水牛"还算温和",最多秀你一脸你欠它好多钱的表情,倒也很少真的来"讨债"。但当它们出现在营地里的时候就比较惊悚了。

其他动物都是来营地做客的,比如大象吃两口果子就会离开;狮子往往只是借道去往别处;只有非洲水牛,一进来就不肯走了,像个皮糙肉厚的门神一样站在帐篷前。要是你看到这么个家伙守在家门口,到底是进还是不进?而且,来营地河道边的非洲水牛很少成群,通常都是令人心里发寒的dagga boy——落单的雄性非洲水牛。"dagga"这个词来自南非语,意为"大麻",dagga boy可以直译为"瘾君子"。南非向导解释,非洲水牛经常会在泥中打滚,把全身都涂满泥巴,这种脏兮兮的样子与瘾君子多多少少有点类似。雄性

水牛滚一身泥巴,主要为了防虫防晒

非洲水牛落单有很多原因,可能是因为年老、生病或是心理障碍,连牛群都无法接受它们,而长期独处又加剧了它们的孤僻与不安,稍有压力就会毫无征兆地发动攻击,完全不管对方是一只鸟还是一头狮子。

这次,就是一头落单的非洲水牛站在6号帐篷门口,让我们"有家不敢回",只能在营地公共设施里避难,大家都无事可做,只能干等着。我们该拿这头闯进营地的"门神"怎么办呢? 也不知道它会不会在那里站一个晚上。等到忍无可忍了,我们叫来了神通广大的向导诺曼。"没问题,交给我。"他说,居然还带一丝得意的神色! 在面对非洲水牛时,向导会露出这种表情还真是很少见! 只见他从地上捡起一块硕大的石头,朝它的方向扔去,石头砸中地面发出"啪"的响声,"瘾君子"居然应声掉头而去,结束了这场看似永无止境的等待。

好吧! 在大自然中,每当你认定一件事时,就一定会出现反面例子,实在是让人难以捉摸。

动物的警告

大多数动物在真正发动攻击之前,会先发出警告信号。比如,狮子会左右晃动尾巴,大象则会张开耳朵进行威吓。有的警告行为很吓人——狮子和大象都会朝你冲过来,但实际上却往往只是虚张声势的试探,看看你的反应。此时如果你转身就跑,那么动物就很可能转而真正发动攻击;但如果你站稳脚跟,露出不怕它的样子,它反而可能打消攻击的念头。

动物的警告很可能会反复多次,但随时可能转变成真正的攻击。有经验的向导能够分辨两者之间的细微差别——比如,狮子真正攻击前会上下摇尾巴,而大象则会夹紧耳朵——从而采取不同的应对策略。也有一些动物——如非洲水牛,没有警告行为,一旦发起攻击就会直冲到底。这样的动物才是最危险的。

国家公园、保护区与牧场

　　非洲水牛和放牧的家牛都需要草场,它们之间的关系显示了自然界"牵一发动全身"的联系。

　　在南非大克鲁格区域,以国家公园为核心,旁边散布着各种小保护区和牧场。克鲁格国家公园本身是由两个保护区合并而来的,逐渐扩大,形成了现在的规模。直到现在,仍不断有周边的牧场在国家公园带来的旅游效应的影响下,转型成为保护区。但一些新转型的保护区常常会发现,没有了原先放牧的牛群,保护区内的草场反而"退化"了,虽然草长得很茂盛,但野生动物没法利用它,这是怎么回事呢?

　　原来,同样是吃草,不同动物对草的选择却是不一样的。家牛是比较耐粗饲的动物。它们能吃掉长得比较高、比较老的草,促进草的生长。而角马等动物则喜欢吃鲜嫩的草。如果没有动物帮忙移除老熟的草,角马反而不容易找到食物。在这方面,非洲水牛和家牛起到的作用是一样的。那些新转型的保护区引进了非洲水牛之后,草场"难吃"的问题就解决了,非洲水牛造福了角马、斑马、转角牛羚等多种动物。

　　但非洲水牛与家牛的相似性也造成了一些问题。有很多疾病可以在非洲水牛和家牛之间传播,包括科立多病(一种蜱传性原虫病)、口蹄疫、牛结核病、布鲁氏菌病、炭疽和牛瘟等。19世纪末,从东北非传入的牛瘟灭掉了克鲁格地区95%的非洲水牛;而1950—1960年间从牧场传来的牛结核病到1980年已经导致克鲁格南部45%的非洲水牛感染,并继续以每年5千米的速度向北传播。到了1990年,公园南部多数非洲水牛都已经感染(过)牛结核病了。

　　非洲水牛还可能会将疾病传回给附近牧场的家牛。非洲水牛对疾病的抵

大型食草动物对水的需求量很大

非洲水牛有时会在离路很近的地方吃草

105

抗力比家牛强，它们可以携带口蹄疫而不发病，但这些疾病会给牧场造成损失。感染牛结核病的非洲水牛自身发病过程比较缓慢，如果没有干旱、食物短缺等外界刺激，不一定会表现出明显的症状，但它会把这种病传染给狮、豹、猎豹、鬣狗、大捻角羚、非洲大羚羊、黑斑羚、薮羚、狒狒、疣猪、林猪、蜜獾、大斑獛等多种动物，引起严重的连锁问题。由于得病的非洲水牛身体衰弱，更容易被狮子捕食，这种病会在狮群中扩散。优先进食的雄狮更容易因吃了病牛的肺而导致感染。1995年，兽医发现，克鲁格南部有80%的狮子已经感染（过）牛结核病。这种病在狮子身上发展更快，会让狮子变得消瘦、出现骨关节损伤。每年克鲁格都有25头狮子因此而死。

因为有过这样的经验教训，南非的保护区和国家公园是禁止放牧的（另外，在克鲁格北部，有些人会假借放牧为借口在公园里盗猎）。然而，在周边其他国家，保护区和国家公园并没有围网分隔，畜牧业与野生动物共存的问题似乎难以避免。在这些地方，如何平衡人们的需求和野生动物生存之间的关系是更大的挑战。

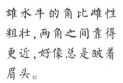

雄水牛的角比雌性粗壮，两角之间靠得更近，好像总是皱着眉头。

在克鲁格的夏季,牛群里会出现很多萌萌的小牛

非洲水牛的社会

非洲水牛是群居动物,一个牛群可由50～1000头非洲水牛构成,包含许多小群体,有亲缘关系的母牛和它们的小牛组成的家庭群是小群体的核心。

雌性非洲水牛终生留在群体中,3～4岁的小公牛会被"父辈"赶离牛群,只得自己组建"光棍群"。完成交配之后,成年雄性水牛也往往会离开群体,进入"光棍群"以寻找较好的食物,保持战斗力。

一头500千克的雌性非洲水牛每天要花10小时吃掉17.5千克草,要找到一块能喂饱一大群水牛的草场并不是那么简单的事。克鲁格国家公园的非洲水牛群一般会在250～500平方千米的范围内不停移动。

非洲水牛群的大小会随资源的充足程度变化。当水源干涸的时候,它们往往分成小群,逐雨而行。在休息的时候,大群也会分裂成小群,休息完毕再重新聚合起来。

9
忽隐忽现的豹

　　在非洲"五大兽"中，豹是行踪最隐秘的动物，常常让最厉害的动物追踪师都产生自我怀疑。多数情况下，"没有看到豹"会成为你再次踏上非洲大陆的动力。

一个前轮换一次机会

游猎中常常发生的情况是：一堆车围在一棵大树下，向导拼命地指："豹子！豹子！"车上的人还一脸莫名："哪里？哪里？"当豹子藏身于斑驳的树叶之间的时候，除非它自己有意放水，做出在树上站起来抖一抖毛之类的动作，否则就算它在你眼前，你也不一定能看得到它。

豹是晨昏活动的动物，它们的一切进化特性，都是为了隐藏。它们通过隐藏来保护自己，通过隐藏来偷袭猎物。在向导中有个挺好玩的"怪谈"：对于豹来说，没什么比被看到更耻辱了，如果你在徒步时见到豹，绝对不能盯着它看——如果你假装没看见它，它会任由你从身旁经过。虽然有这样不成文的"规矩"，但每一次我都想多看它们几眼。不过，只要你去非洲的次数足够多，在丛林中逗留的时间足够长，那些低概率事件，迟早会发生——比如以下这个故事，可以说是百年难遇。

我们在生态训练营学习时的导师约翰成立了自己的旅行公司，他邀请我们跟他一起逛一次克鲁格，我们聚集了几位朋友踏上了这次旅程。但直到行程过半，我们连一只豹都没有找到。

终于，在离开伯根道尔（Bergendal）营地的清晨，我们遇到了一只成年雌豹。当时我们正坐在前往下一个营地的巴士上，约翰与一名队友开着小车在前面带路。我与约翰各拿着一个无线电，方便在看到动物时互相通知。遇见这只正在过马路的豹子时，太阳都还没有升上地平线。它慢慢地穿过马路，走到另一侧路边消失了。没想到，这第一只豹子开启了幸运之门，这一天的好运才刚刚开始。

不到半小时，我们就到达了离斯库库扎（Skukuza）营地不远的地方。这

豹身姿优美、行动隐秘

柔软的肉掌上有最尖利的爪子

毛茸茸的尾巴

是克鲁格国家公园最早建立的营地之一,也是整个克鲁格地区大猫最多的区域。这时,无线电突然响起,约翰说,他看到了2只正在过马路的豹,让我们跟在后面慢一点。我们的巴士靠上去,刚停稳,就看到这2只豹慢慢地踱了过来。它们俩从容镇定,雌豹走得比较慢,居然在我们巴士的正前方坐了下来,另一只雄豹则径直走到了约翰的车前。正当我心想"这豹子肯定是要走进草丛里了,快要拍不到了"的时候,这家伙居然做出了出人意料的举动:它开始咬约翰那辆车的轮胎!我内心涌动着一万个问号,从来没有听说过豹会有这样的行为!这种隐秘害羞的动物,总是处处躲着人,它们很少会接近车辆,更不要说竟然会主动去咬轮胎了。约翰开着车连连后退,这只豹尝了几口后也消失在了丛林中。

　　坐在约翰车上的队友李波用手机拍下了全过程,清楚地展示了我们因为角度原因没有完全看清的画面。这只雄豹从头到尾都没有显出攻击性,只是

豹看起来优雅雍容,其实非常强壮,能把沉重的猎物拖到树上。

能否在游猎中看到豹子，完全取决于运气

很平静地啃了轮胎。它来到左前轮的位置，总共咬了三口，视频里甚至可以清晰地听到轮胎漏气的声音。约翰坐在前排右侧的驾驶座上，看不见那家伙，问道："它在干什么？"李波轻描淡写地说："它在吃你的轮胎，看起来很好吃的样子。""吃轮胎？"约翰吓了一跳，赶紧倒车。雄豹也没有要追上来的意思，而是回头找到雌豹，到丛林里交配起来。

约翰那辆车的左前轮已然瘪了下去。由于在克鲁格国家公园内是绝对禁止人们下车的，所以我们不能自己换轮胎，只能呼叫救援。在约翰打电话向营地求助时，说豹子咬穿了轮胎，对方死活不信，硬说是约翰自己扎破的。约翰急了，说："有视频为证！"后来，他告诉我们，总共补了7个洞！我们建议他把轮胎挂到墙上留作纪念。有人看了我们的经历，酸溜溜地在营地的留言板上说："我愿意损失4个轮胎，换这样一段经历！"我与约翰讨论过，为什么豹会有如此反常的行为，得出的结论是：它为了在女朋友面前显摆……

113

拖把顶门有用吗？

　　另一次，绝顶好运让我们在营地里看到了闯入的豹。别想多了，与豹大战三百回合这种事，当然是不存在的。一如往常，这个故事佐证了豹的隐秘。

　　那是2018年10月的事情。当时我们才到卡隆威营地没几天，清晨，我们几个小伙伴刚走到洗手间准备刷牙，就看到两个向导在旁边对着地面指指点点。他们肯定发现了动物的踪迹，我们赶紧凑上前去。向导让我们绕道从旁边的草丛过来，不要踩坏了地上的痕迹，然后像展示宝贝一样让我们看地上的脚印："看！豹子！"

　　看到第一眼的时候我还不敢确认，因为以前曾经发生过把狒狒奔跑的足迹误认为是豹子足迹的乌龙，所以这次我特地仔细地连续看了好几个脚印，方才确认是豹子无疑。这足迹覆盖在常在营地出没的安氏林羚的脚印之

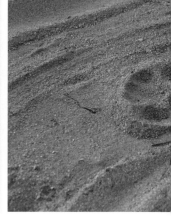

捕猎时留下的痕迹与羚羊毛发

上,没有被其他动物踩过,新鲜得很,一定是清晨这几个小时之内留下的。而且这些足迹之间的距离很不稳定,这只豹肯定不是在正常行走,不是仅仅路过营地!

于是,我们一路跟着足迹往前追踪,在洗手间旁边找到了一片特别凌乱的痕迹。羚羊和豹的脚印乱成一团,沙地被抹得乱七八糟,附近还找到了羚羊的毛。再走几步,就只剩豹的足迹和一条明显的拖曳痕迹了。这些踪迹在草地和沙地之间时断时续,我们一路顺藤摸瓜,推断出了"犯罪现场":豹在这里捕杀了一只安氏林羚,并将其往河道方向拖去。

从洗手间到河道,需要经过正对着河道的6号帐篷,这个帐篷正好没有人住,否则,昨天晚上一定能听到些许动静! 我们一路跟着痕迹,来到6号帐篷边上,再往下,是河道旁的树篱。由于那只豹很可能还在树篱中守卫着它的猎物,贸然前去探看是很危险的,我们便不再向前探寻了。

诺曼用望远镜观察了一下树丛中可能藏匿羚羊的地点,一直等到中午时

豹的足迹

它把尸体藏在灌木深处

豹被认为是克鲁格丛林里最美丽的食肉动物

分才进去探看。果然,树篱中有一只被吃掉一部分的安氏林羚。藏匿羚羊的位置距离无人的6号帐篷不过20～30米。这会儿那只豹不在,它可能去睡觉或喝水了,但是猎物在这里,晚些时候它一定会再回来的。

这实在太赞了!豹在营地里猎捕羚羊!我兴奋极了,赶紧申请:"晚上可以在6号帐篷蹲点吗?"他们一口回绝了我。非但6号帐篷不能住人,那边的洗手间这一天也暂时不能用了,大家得去营地另一边的洗手间洗漱。诺曼说:"如果你带着红外触发相机的话,我可以帮你装在旁边的树上。"

可是……我……没带!整理行李时曾经犹豫过要不要带它,却因负重问题放弃了!当晚,我绝对是睡不着了。想着豹子随时可能在营地里出现,我就激动得要死。在床上翻来覆去了一会儿之后，终于决定，就算不能出去，不能蹲点拍摄，起码可以录个音吧。于是我就翻出手机开始录音。

凌晨1:45的时候，我听见大型动物跑过1号、2号帐篷之间，从足音上判断，不是有蹄类，它在那里停了一阵子——不过，我不认为那是豹，多数时候它们跑起来是没有声音的。2:03，有两声鬣狗的叫声，约2分钟后，我便听到豹子标志性的锯木头般的吼声。2:17，鬣狗又叫了，接着沉寂了一会儿。2:25，传来微弱的类似争抢的声音。2:46，豹的叫声从右手边的烧烤区传来，但声音不大。一会儿，那声音变得微弱了，可能是它在移动。2:58，灌丛里羚羊尸体的方向又传来争抢声，从声音可以判断出那里有2只豹。

后来向导们宣布警报解除，我们又可以使用那个洗手间的那天晚上，几位小伙伴一起去那里刷牙，一转身就看到有人把拖把顶在门上……大家都笑疯了。

猎豹、豹和美洲豹

辨别猎豹、豹和美洲豹最简单的方法就是看它们身上的斑纹：猎豹的斑纹是实心的黑点（王猎豹的斑点会愈合成条纹）；豹的斑纹是黑点组成的圈（英语中叫它"玫瑰纹"，看起来有点像花瓣围合的样子）；美洲豹的圈很大，圈里还有点。

猎豹身体瘦削、细长，脑袋小，脸上有黑色的"泪线"——黑色纹路从内侧眼角开始沿着鼻子一路往下。它和大猫不同，不会吼叫，只能发出像小鸟一样的吱吱声。

豹行踪隐秘，身形优雅，攀爬能力很强。

美洲豹是这三种动物中体型最粗壮的，脑袋又大又圆，有点像老虎，咬合力很强，所以它们还有个名字叫"美洲虎"。美洲豹是所有大猫中最擅长游泳的，它虽然也很擅长伏击，但它身为美洲顶级捕食者，并不"羞涩"。

10
翅膀与歌声

　　每年都有大量观鸟爱好者来到克鲁格，想集齐心目中的"梦幻之鸟"。稀有少见的鸟类固然给人惊喜，那些在路边和空中的"大众脸"，其实也各有超群之处。

红嘴奎利亚雀集结的时候数量庞大，被当地人视为"蝗虫鸟"

注意，密集住宅区

在非洲共有2697种鸟类，克鲁格国家公园就有517种，占南非鸟类总数（965种）的一半以上。如果说蜂鸟是美洲鸟类的代表，那么能代表非洲的一定非织雀莫属。虽然织雀不是非洲独有的鸟类，但它们数量庞大、种类众多，出色的筑巢本领又很夺人眼球，作为明星物种当之无愧。我至今还记得第一次看到挂满织雀巢的大树时那种兴奋，等到醒悟过来的时候，发现自己已经端着相机在树下拍了一个小时了。

非洲织雀的种类很多，每种织雀巢的选址、材料、结构各有特色：有偏爱大树的、有偏爱芦苇丛的，有造草屋的、有造木屋的，有造单栋的、也有造公寓的……和童话故事《三只小猪》不同，不论它们用什么材料、造什么类型的房子，都能满足生儿育女、驱退敌害的需要。

多数织雀筑巢用的材料是草茎，这是南非随处可见的巢材。草茎要长，还要足够新鲜——绿色的鲜草在编织之后，会干燥收缩，能自动相互拉紧，使巢更坚固。少数几种织雀——如红头编织雀、红嘴牛文鸟会使用粗糙的树枝来筑巢，这些巢外观看起来比较杂乱，但是它们会仔细地装修内部，铺上柔软的垫材，不会亏待自己的后代。

巢的主要结构是"出入口"和"房间"。不过这两者的搭配千变万化：入口的位置可以在巢的侧面，也可以在下方，有的有"门厅"或"玄关"，有的没有。编织精巧的入口只能容纳主人进出，能把像白眉金鹃这些来蹭养娃的不速之客挡在门外——有时白眉金鹃甚至会在入口被卡住而困死。"房间"一般只有1个，但也有些织雀会造2个房间，每个房间都有入口：入口非常隐蔽的房间是用来生儿育女的，而另一个入口明显的房间是用来欺骗蛇之类的捕食者的。当捕食者潜入假房间之后，会发现里面啥也没有，只能悻悻而去，完全料不到无助的小鸟就在隔壁嗷嗷待哺。

最壮观的织雀巢要数在西南非洲干旱地带广泛分布的群织雀（sociable weaver，*Philetairus socius*）"公寓"了。这种巢是由多达500只织雀共同建造的超级"大楼"，可以宽达7米、高达4米。从正下方往上看，你能看到密密麻麻几百个入口通向不同的小房间。这种巢当然是非常热闹的，永远有织雀在进进出出、叽叽喳喳，有些房间还会被别的鸟占据。我们每次看到都会被这种热闹气氛所感染，顾不上鸟屎攻击，掏出相机狂拍一阵。"公寓楼"可以用很多年，每年不断有新鸟前来，在旁边增加新的房间。唯一的问题是，没有任何一种建筑能承受无限制的"违章搭建"。鸟巢公寓终有一天会因为超重而轰然倒塌，当这一天来临的时候，所有的鸟都只能离开，找地方另起炉灶。

克鲁格国家公园里,红嘴牛文鸟的巢几乎都是筑在水塘中心的小岛上的,还有很多织雀喜欢把巢筑在河边。最受欢迎的是那些具有柔软枝条的大树或者芦苇,它们的枝条让蛇无法攀附——既不能从水里进入鸟巢,也不能从树上爬入,只能早点断了念想。有时,我们也会在道路两边看到织雀的巢,在空旷地的上方筑巢有利于它们及时发现捕食者。当然,也顺便为我们观察织雀提供了方便。

有一次在肯尼亚桑布鲁保护区,营地道路两侧有大量的织雀巢,我一边在下面闲逛一边仔细地观察。我发现,这里的织雀喜欢把巢建在多刺的树上,捕食者很难通过密密匝匝的刺丛去袭击鸟巢。我心里正想着“这也是个好办法”,然后就看见一只鸟被串在了树枝的刺上。这是什么鬼!我惊呆了,跑近一看,正是一只织雀,已经死了,羽毛黯淡无光,一根尖刺穿过了它的大腿。这只织雀身上并没有其他伤口,不像是被别的动物杀死后串在这里的,而它的上方就是一个巢。这个现场……难道是它回家降落时没控制好方向而出了事故?当时的情景已经无法追溯,但可以想见的是,这只织雀被刺穿大腿之后,无法自行脱身,恐怕是苦苦挣扎之后在家门口咽了气。为了躲过捕食者,在危险的“刀山”上筑巢,却因为一点小疏忽就付出了生命的代价,真是太可怜了。

织雀数量多、种群大,在南部非洲的生态系统中是重要的一环。多数织雀平时以植物种子为主食,在繁殖期给雏鸟喂食昆虫。非洲有名的红嘴奎利亚雀也是织雀家族的一员。这种鸟集群出现的时候铺天盖地,令人叹为观止。其营巢群居地的面积可以达到1平方千米。当地的农民将其称作“蝗虫鸟”,视之为害鸟。但和其他织雀一样,这些鸟为很多生物(包括人类)提供了重要的食物来源。

数量即力量

群织雀的巢　在巢外殒命的织雀

黑额织雀　黑头群织雀

南非织雀　红嘴牛文鸟

小脑袋的智力问题

鸵鸟也是南部非洲非常显眼的一种鸟类。和其他鸟类不同的是,它们对人类来说很危险。野生鸵鸟非常凶猛,特别是在发情期和繁殖期,为了保护自己的领地、鸟蛋和幼鸟,雄鸵鸟会不顾一切地对任何胆敢靠近的动物发动攻击。它们的瞬时速度可以达到64千米/小时,而且可以维持这个速度20分钟,被它盯上了可是很麻烦的。它能用脚把敌人"劈"死——并不是举起脚来自下而上地把敌人"踢"飞,而是用它那两个锐利的镐状足趾,自上而下地把对手给开膛破肚!我们在保护区工作期间,听说过一位德国女士在徒步时不慎走近了鸵鸟巢,遭到一只雄鸵鸟来自背后的攻击、重伤不治的事例。

鸵鸟的"恋爱"和繁殖都很有趣。一只雄鸵鸟会和多只雌鸵鸟交配,但"正妻"只有一个。所有的"小妾"都会在同一个浅坑里生5~7个蛋,和"正妻"的蛋放在一起。"正妻"的蛋在中间,其他雌性的蛋在周围。蛋的位置越靠近外围,越是不容易得到孵化——因为鸵鸟的身体最多只能覆盖20个蛋,而且边上的蛋也更容易遭到捕食。负责孵蛋的是雄鸵鸟和"正妻",小老婆们生了蛋之后就各自逍遥自在去了,至于自己的蛋,反正也是不劳而获,能孵出几个就是几个吧。

雄鸵鸟和雌鸵鸟轮流孵蛋,分工十分明确。具有黑色羽毛的雄鸵鸟当然适合值夜班,而羽色和沙土接近的雌鸵鸟则负责白天孵蛋。有研究发现,孵蛋的"正妻"似乎可以分辨出自己的蛋,就算它们滚到了巢的边上,它也会再拨回巢中央去。相比之下,雄鸵鸟就没那么细心了——不管孵出的是哪一个蛋,反正都是自己的种。小鸵鸟孵化后,很快就能行走觅食了,也不需要爹妈操心喂养,带着它们到处走就行了。在克鲁格国家公园,有时你能在车道上看到鸵鸟父母不慌不忙地踱步,后面跟着一堆"啪哒啪哒"奋力追赶的小刺球。

　　鸵鸟家庭的娃数量不一,能力强的爸妈会带着超过20只、甚至30只小刺球散步。你或许会奇怪:刚才不是说最多只能孵化20只么,另外那些哪里来的? 答案可能会让人大跌眼镜:拐来的! 让我们来顺着鸵鸟"正妻"的思路想一想吧。它为什么要容忍那些游手好闲的小老婆在它的窝里下蛋,还辛辛苦苦地孵呢? 因为占有的蛋越多,它自己的蛋被掠食者吃掉的概率就越小。这一逻辑在小鸵鸟孵化出来以后也行得通。每当带着娃的成年鸵鸟彼此相遇时,都会费尽心机去拐对方的孩子! 最多的一次我们见过一对鸵鸟带了约40

鸵鸟是完美适应陆地行走的鸟类

小驼鸟像一个个"刺儿球",羽色与草地很接近

只小驼鸟在路上走,而且夸张的是这些孩子大大小小都不一样,一看就知道这是当家的到处拐别人子女的结果。

驼鸟的繁殖过程充满了这样的小心机,但要说它们聪明,却也不见得。事实上我们见过的最为匪夷所思的事情,也是发生在驼鸟身上的。

我们工作的保护区有个闲置了很久的营地,有一天,一只驼鸟跑了进去,转身就忘记了入口的位置,被困在里面了。其实它只要沿着围网一路跑下去就能出去,但它似乎并未意识到这一点,而是不断沿着围网在同一个区域来回跑动。一天,为了检修围网,小虎带着工人路过,驼鸟看见后大吃了一惊,不

驼鸟有着大大的、发达的眼球

顾一切地向围网冲去,把脚给缠在围网上了。这下它更紧张了,拼命地把头往两根钢丝中间伸去,长长的脖子从钢丝一边伸出去,又从另一边绕进来,然后脚一蹬——竟然就这样活生生把自己的头给拧了下来!这一切发生得太快,大家都看傻了。虽然有照片为证,可无论和谁说起这件事,大家都不肯相信。

确实,驼鸟并不是很"聪明"的动物,它的脑子只有30克,还没有它自己的一个眼球(60克)大。不过,在整个自然界里,大概只有人类才喜欢以己之所长比彼之所短,会用"聪明"与否来评判优劣。每一种动物都有它特殊的生存本领,只要能活下来就都是好样的。

向导们的"公主技能"

在通向自然向导的职业之路上,最让我耿耿于怀的憾事是:我不会吹口哨。我们认识的自然向导十之八九都会吹口哨。少数几个像我一样不会吹的,他们也会觉得有点抬不起头来,偶尔还会被大家取笑一番。不会吹口哨,简直是自然向导界的耻辱。用口哨模仿各种动物的叫声,这个技能在野外特别有用。

有一次,追踪师诺曼带着我们出去游猎,很长时间没有发现什么动物。于是诺曼停下车问我们,想不想看鸟。看鸟? 什么鸟? 附近根本就没有鸟! 大家很疑惑,但还是忙不迭地说好。于是诺曼往车门上一靠,开始吹出长长的哨音:"咻——咻——咻——咻——"

没多久,就不知从什么地方冒出了几只小鸟,往我们的方向飞来,它们在空中盘旋一番之后,纷纷停在树枝上探头探脑。飞过来的小鸟越来越多,我们身边几乎被鸟包围了。来的鸟不是一种,而是好多种! 我们赶快举起相机狂拍起来。

后来我们才知道,原来诺曼给我们吹的口哨是在模仿珠斑鸺鹠的叫声。这是一种白天活动的小型猫头鹰。在鸟类世界中,很多猛禽都因为掏鸟窝、偷吃鸟蛋和小鸟而不受各种鸟儿的待见,所以它们平时基本上都挺低调。连非洲鬣鹰这样的大猛禽如果在掏鸟窝时撞上人家爸妈回来,都会被揍得狼狈逃窜,更不要说珠斑鸺鹠这样的小个子了,一旦被其他鸟发现,就会遭到围殴,小鸟们会团结起来,仗着鸟多势众,不把它轰走决不罢休。被诺曼的口哨声所吸引过来的小鸟,就是来结群打架的。

当然,现场实际上并没有什么珠斑鸺鹠,诺曼让大家拍了照片之后,就停止了模仿,小鸟们没找到攻击目标,渐渐也就散了。之后,大家都向诺曼求教

非洲鹭鹰偷鸟蛋，被燕卷尾暴揍

口哨秘诀，诺曼却说，这种"召唤技能"不能随便用，因为声诱也会对鸟类的行为造成干扰。今天是因为大家出来很久都没有看到动物，他才给我们露了这一手，否则他一般是不会这么做的。如果每辆游猎车的向导都去野外模仿鸟叫，那会发生什么呢？让来打群架的鸟儿们白跑一趟还是小事，对珠斑俪鹏来说也会有很大影响。鸟类的歌声常常是它们显示领地的标志，如果一个地方长时间、反复出现很响亮的鸣唱声，就意味着这块地盘已经被占领了，其他俪鹏就可能因此而放弃这块地盘。这就相当于人类把它们从一块资源丰富的栖息地赶了出去，长此以往，甚至可能降低这种鸟的存活率。

　　掌握技能虽然重要，可是知道如何正确运用这种技能更加重要。现在很多观鸟软件里附带了鸟鸣功能，这降低了我们效仿鸟鸣的门槛，哪怕不会吹口哨，任何人都可以随时播放鸟类的叫声。可是，在打开这些软件播放声音之前，我们还是应该想一想，真的要这样做吗？

11
丛林游乐园

　　在手机信号"气若游丝"、夜晚照明要靠手电的野外,没有社交网络和游戏可以玩。这时候你可要抓紧时间全身心地和大自然"玩耍"。其中有很多玩法相当重口味。

屎学家的养成

对于"吃屎"这件事，一开始我是拒绝的。

在学习动物追踪的时候，我们早已和各种各样的屎打过交道了。屎是最重要的动物踪迹之一，我们得学会根据屎的形状大小来判断它的"主人"是谁，还得根据屎的颜色、分量、新鲜程度来判断这是什么时候留下的，其主人目前的状态如何——所以，偶尔上手掂量一下大象粪或者把某些便便碾碎了看内容，都是动物追踪课的家常便饭。遇上导师皮起来，还会把手指在湿湿的大象粪里戳一下然后拿出来舔一口，让大家照做。虽然纪录片里看到野外生存专家也干过，但是这事儿落在自己头上，总是让人很尴尬——是舔好还是不舔好呢？最尴尬的莫过于你真的舔了，然后导师坏笑着重复一遍动作，让你看到他戳便便的手指和他舔的手指不是同一根。

从克服对便便的排斥心理，到满怀热情地观察便便，并且足够小心没掉进老师设的圈套……可谁也逃不过丛林里终极的考验——南非民间不论黑人白人中都流传着一种古老的传统游戏——吐便便比赛。在农场里，人们会聚在一起以吐羊粪蛋为乐。游戏方式很简单，就是捡个羊粪蛋放嘴里，利用口腔肌肉合并舌头的洪荒之力将其弹射出去，谁能"喷"得更远谁就获胜。当然，过硬的心理素质是这一切的基础。

要成为丛林"屎学家"，这项游戏是非过不可的一关。和农场不同，在丛林里，选择变得更为多样——满地各种羚羊便便都是备选的"子弹"。这项运动的精华就在于不仅要有灵活的口腔操控能力和恰到好处的力量，还要善于找到最合适的"子弹"。只有经验老到的参赛者才会找到最适于发射的子弹。当然作为一项集体游戏，反正大家都要一起"吃屎"，所以也没什么好羞愧的，只

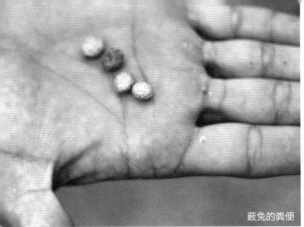
薮兔的粪便

吃屎大师粪金龟

一坨象粪里可能有十几种粪金龟在忙碌

是第一次吃，有点心理障碍需要克服一下而已。我现在对此已经毫无压力了。也只有玩过这个游戏的人，才能真正体验到作为反刍动物的羚羊能把食物消化得多么完全，以至于吃不出一点屎味！最佳的子弹不是最新鲜的便便，而是"数天陈便"，即表面已经干燥结壳，内部还保留着一定湿润度的粪便。这样的"子弹"在口中不容易破碎，而且又有一定的重量，喷出时不会打飘。最合适的便便大小则因人而异，我个人比较偏爱的是安氏林羚的便便，颗粒对我正合适，黑斑羚的就嫌小了点……

不过说到"吃屎"，谁也比不上大自然真正的"吃屎专家"——大名鼎鼎的屎壳郎，或叫蜣螂、粪金龟。这是一个非常庞大的类群。全世界共有大约7000种粪金龟，而南非有780种。粪金龟身长从几毫米到5厘米不等，大小各异。在这些粪金龟中，并不是所有的种类都吃屎，也有一些吃尸体、真菌、枯叶，不过吃屎的仍然占了大多数，它们是稀树草原生态系统的重要功臣之一。它们将粪便埋入地下，能让营养回归大地、肥沃土壤，促进粪便中的植物种子发芽，同时，还有杀灭粪便中的寄生虫（及卵）、减少疾病的作用。粪金龟对粪便的敏感度无人能及，它们能在几秒钟内侦测到新鲜粪便，在几分钟之内赶到现场，并在一天之内把一坨粪搬完。它们处理效率如此之高，以至于常常出现便便不够吃，需要争食的局面。

在自然界中，往往那些不起眼的小动物，才是真正厉害的角色。而粪金龟，正是这些具有打动人心力量的小动物之一。形形色色的粪金龟供养了各种以粪金龟为食的动物们（它们可不在乎间接吃屎）。你常常会在一堆大象粪边上看到弯嘴犀鸟等动物忙着取食里面的粪金龟。这条以"屎"为重要基底的生态链非常值得观察。

粪金龟"滚滚"能把粪球做得非常圆润。向导若是在车道上看到它们，会给粪球让路。

大象粪便的量着实不少

吃屎技能大比拼

　　我们通常熟悉的"推屎爬",也就是滚粪球的粪金龟,只是粪金龟中的一类。事实上,根据粪金龟的取食策略,它们可以被分为四个类群。

　　第一类,可以称作"钻钻",这些粪金龟留在粪堆当中直接开吃并繁殖。

　　第二类,"挖挖",它们在粪堆下面挖出隧道,把粪便拖进隧道里吃,喂养幼虫。

　　第三类,才是我们熟悉的"滚滚",把便便滚成球带到别处去吃。这种策略主要是为了减少和前两类粪金龟的竞争,并且有利于远离捕食者。毕竟狒狒、蜜獾、非洲灵猫、弯嘴犀鸟、猫头鹰、佛法僧,甚至一些食虫虻和黄蜂都对粪金龟虎视眈眈,而粪堆实在是明显的目标。"滚滚"们滚的粪球有三种不同的功用:一种叫"食物球",由雄性和雌性一起滚出来,并且分吃;另一种叫"求婚球",由雄性滚出来,推到洞里,雌性要是觉得满意,就和它交配,然后再一起吃——挺浪漫的对不对? 第三种就是"繁殖球",也是由雄性负责滚球,雌性粪金龟在粪球里产一个卵,然后把粪球拍成梨形埋入地下,这个粪球就是宝宝未来的食粮。因为一个粪球里只产一个卵,而雌性一个雨季能产60个卵,这就意味着雄性至少需要滚60个球……考虑到每个粪球的重量是粪金龟自身体重的50倍(偶尔还会出现80倍的巨大粪球),这工作量还真是不小。

　　也许是抢屎吃的工作量太大,最后还演化出一类粪金龟,叫"盗盗",这些家伙自己不滚球,却专门去偷盗其他"滚滚"做好的粪球,并在其中产卵。

135

免费自助超市

在城市里,各种食物、水、日用品似乎都唾手可得,在丛林玩耍时,你也可以向这片土地索取生活必需品。来看看南非的"丛林超市"提供些什么"商品"吧。

如果你需要碗,鸵鸟蛋壳绝对是理想材料。非洲的桑人在鸵鸟蛋上钻孔,把蛋黄和蛋白倒出来吃掉以后,在蛋壳里存满水,用一小块跳羚皮包上干草,塞住顶上的小孔,再用水淋湿干草。干草吸水膨胀之后,就会推挤跳羚皮,让它像软木塞一样把孔牢牢封住。然后他们就可以把鸵鸟蛋水壶埋藏起来备用了。

吃完东西可别忘了刷牙。折下假乌木属植物magic guarri(*Euclea divinorum*)的枝条,把顶端的树皮剥掉一圈,放嘴里嚼两下,树枝顶端就会叉开成为刷毛状,可以用来刷牙。

如果你还想漱漱口,那么可以在地上找找看有没有空蜗牛壳。非洲大蜗牛的壳可以成为漂亮的杯子。这种体型超大的蜗牛可长到20厘米,这么大的壳足够了。

牙刷和漱口杯都有了,还缺了牙膏。皮灰木(leadwood,*Combretum imberbe*)木质紧实,可以燃烧很长时间。这种木头烧完的灰是白色的,可以用来当牙膏。

牙签很好找,因为很多树木都有刺,随便折一根下来都能当牙签用。不过牙签中的上品是卡鲁金合欢(sweet thorn,*Acacia karroo*)的枝刺。它的刺是白色的,可以长到7厘米,正是我们需要的长度。

要把手洗干净,我们可以找一种爪钩草(devil's thorn,*Dicerocaryum eriocarpum*),采下它的叶子加点水揉搓一番,就会产生很多泡沫。

鸵鸟蛋水碗

假乌木树枝做牙刷

非洲大蜗牛的壳足够当水杯用了

金合欢刺可以做牙签

吊灯树果子的大小和成年人的手臂相似

爪钩草揉碎了可以做洗手液

钻木取火是个体力活

大象粪便没什么臭味，点起来却可以驱蚊

黄皮金合欢的粉末可以防晒

非洲盾柱木的叶子可以当卫生纸

河马身上有粉红色的"防晒霜"

如果需要大量洗涤剂来洗餐具，可以使用吊灯树（sausage tree, *Kigelia africana*）的果实。这种形似香肠的果实虽然不能吃，里面的果肉却可以充当洗涤剂。唯一要小心的是果实很大很重，采摘的时候一定不要被它砸到头！

夜晚，恼人的蚊子开始活动，我们会需要蚊香。大象粪是现成的材料。我们可以多捡几块来点燃。象粪冒出的烟有驱散蚊虫的作用。

没有火柴？那就钻木取火。用来钻的木头一定要硬，而被钻的木头一定要软。我们可以用扁担杆属植物raisin bush（*Grewia spp.*）来制作钻木，用一种榕树wild fig（*Ficus thonningii*）来做垫木。引火物用干燥的疣猪或斑马粪就可以。这个技术需要大量的练习，不过一旦练熟之后，取火的速度不亚于用火柴。

要做观察记录，手头却没有纸？可以小心地撕点纸皮金合欢（paperbark tree, *Acacia sieberiana*）的树皮。把这种树的树皮剥下来，可以代替书写用纸。当然，这种纸很脆，也很容易破，记得要用软一点的铅笔轻轻地写。写完之后，你可以嚼一嚼槲寄生的果实，等它变得黏稠之后，吐出来当胶水，把树皮粘在一起，就成为一本日记本啦。

在野外上厕所，人类和猫一样，都需要先挖个坑，事后把自己的排泄物给埋了。卫生纸也可以就地取得。非洲盾柱木（weeping wattle, *Peltophorum africanum*）又名"卫生纸树"，它光滑柔软的叶用来擦屁股再合适不过了。不过千万要小心，确定你没有认错树。它的枝叶长得和金合欢很像，可是非洲的金合欢全是长满刺的，万一认错了，那种酸爽只能自己想象了。

随着太阳升起，我们又要考虑防晒的问题了。这个有得选，你可以选择使用动物制品还是植物制品。河马身上会出一种红色的汗，堪称"天然防晒霜"，不仅防晒还能防虫。可是，这种防晒霜似乎很不容易拿的样子……因为河马可不是好脾气的动物。而且它会让我们闻起来和河马一样臭臭的。比较好的替代方案是使用黄皮金合欢（fever tree, *Vachellia xanthophloea*）树皮上的粉末。这种防晒粉末会让你变成黄绿色，还自带闪粉效果，涂上它，你就是丛林里最靓的人类！

天气太干燥，鼻子出血了？掰一块黑相思树上的节瘤，用它来堵住鼻孔，不仅大小正合适，而且确实有止血的功效，虽然丑是丑了一点……

想要别致的首饰？没问题！千足虫死了以后，它的外骨骼可以保存很长时间，随着时间的推移，它的环节会断开，成为一个一个完美的环。非洲的桑人喜欢把这些环节当成戒指戴在手上，我们也可以试试看。

在卡拉哈里沙漠地区，一些壁虎——比如粒趾虎（bibron's gecko, *Pachydactylus bibroni*）具有一旦咬住就长时间不放的倔脾气。可是它们并没有牙，所以咬得不那么疼。当地人很喜欢让它们咬住自己的耳垂，然后就得到了一条活的"壁虎耳环"，不只好看，还很拉风呢！

"丛林超市"能提供的"商品"其实远不止以上所说的这些，而且还不用"买买买"。我们只需要学习和辨认这些琳琅满目的"商品"，加上一点聪明才智就能用到它们。

黑相思树节瘤止血棉

倔脾气的趾粒虎耳环

千足虫环节首饰

12
游猎与盗猎狭路相逢

　　如果要问我们在看似危机四伏的南非丛林之中,最怕遇到什么,答案一定是"人"。无论是不遵守丛林徒步守则的队友,还是神出鬼没的盗猎者,都会让大家陷入险境。

重合的天堂与地狱

对于犀牛和大象这样"身怀宝物"的动物来说，非洲大地既是繁衍的天堂，也是屠杀的地狱。它们面对的不是大地孕育出的尖牙利齿，而是来复枪、电锯、红外夜视仪等现代设备的"降维打击"。全非洲94%的白犀分布在南非，而自2008年以来，南非的犀牛盗猎以每年20倍的速率增长，在2014年时到达顶峰，一年之内有1215头犀牛遭到盗猎，平均每个月有100多头犀牛丧命！其中有68%是在克鲁格被杀的。南非漫长的国境线和崎岖的地形使得犀牛保护工作困难重重。

数据显示，犀角主要流向亚洲，尤其是越南与中国。虽然中国法律早就已经禁止了犀角贸易，但在黑市上却仍有流通。就在我写这本书的过程中，卡隆威保护区一周内就有3头犀牛被杀害了。

犀牛盗猎一旦被公园管理人员发现，很快会演变成一场枪战，因为涉及的金额巨大，盗猎者会以命相搏。而买卖犀角赚来的黑钱通常流入地下，成为军火、毒品交易的资金。非洲各地有很多人为保护犀牛而努力。每年，有大量资金被投入巡护和保护工作中去，用以支持各种相关学术交流会议、出版书籍。与游客直接接触的自然向导更是将保护犀牛的宣传作为自己的重要职责之一。2019年以来，犀牛盗猎的势头略有遏制，但情况仍不容乐观。一切最终仍取决于犀角需求的终端——包括中国在内的远东市场改变观念。

对于会成为盗猎目标的"重点动物"来说，最危险的时候是月圆之夜，盗猎者可以凭借月光猎杀动物而不被发现。很多盗猎者被大财团雇佣，装备精良，远远超过护林员，直升机、带消音器的枪、夜视仪等什么都有，这使护林员很难追踪他们。最近几年虽然也抓到了不少盗猎者，但这些处于利益链末端的都是生活穷困潦倒的人，出于生存压力，才会为盗猎组织工作，就算捉到了他们，也撼动不了整个犀角和象牙盗猎贸易链条。很多盗猎者出狱后，还会因为相同的原因重操旧业。

除了犀牛和非洲象会因为角和牙被盗猎，其他动物也会成为受害者，甚至连长颈鹿也不例外。盗猎长颈鹿的原因比较多样，有时单纯就是为了吃肉。非洲很多国家的贫困人口蛋白质摄入不足，需要靠野味来进行补充。长颈鹿个体庞大，猎杀一只可以供全村人都饱餐一顿。此外，长颈鹿的皮会被剥下，做成地毯、水桶、鞋子等需要强韧皮革的器物。还有一些地方流传着用长颈鹿的骨髓治疗艾滋病的无稽之谈，很多长颈鹿成为迷信的牺牲品。

犀角好吃吗

盗猎者的目标是犀角，但它其实不过是类似于人类指甲的身体组织，连成分也类似。如果不受干扰，犀角是会不断生长的。

很多保护区采用定期麻醉犀牛为其锯角的

死于盗猎者之手的犀牛，护林员在头骨上做了标记

方式来保护它们。这虽能减缓一些盗猎压力，但是麻醉和捕获的风险和人力物力成本巨大（每三年就要锯一次）。而且总有不法分子连锯了角的犀牛都不放过——毕竟它们还有"指甲根"。很多犀牛连角带着鼻子被锯掉时甚至还活着，而那些刚失去母亲的小犀牛会一直守在妈妈的身边。

该不该提供救命水源?

在干旱季节,稳定的水源是动物生存的命脉。近十几年来受气候变化影响,动物的栖息地经常被旱灾侵袭。克鲁格国家公园的管理者们曾经建造了一些抽取地下水的风车给动物提供水源,但后来的研究和观察发现,提供固定水源会引发种种环境问题,经过评估后,还是决定在国家公园中拆除风车。只有在克鲁格最北部的马库莱基地区,还保留着两架风车,这是整个公园内唯一的还在运作的抽水风车了。

马库莱基地区是南非、莫桑比克与津巴布韦的边境,这三个国家在1998年时开展了"和平公园计划",拆除了边境的围网,使动物们可以自由自在地在三国相邻的国家公园间穿梭。在旱季时,这一带的动物为了饮水,经常跑到邻国去。但莫桑比克与津巴布韦对于野生动物的保护远远没有南非好,那些进入到另两个国家的野生动物常常被盗猎,一去不回。克鲁格国家公园管理方为了让动物们留在南非境内,只好继续让风车运作,使它们在旱季也能在克鲁格国家公园得到水源。但即使如此,也无法阻止那些盗猎者跨国境作案。他们一遇到护林员便纷纷逃回自己的国家,使得追捕工作难上加难。

"人类是否应该为动物提供水源"一直是个有争议的话题。克鲁格国家公园早期的管理策略带有很强的人类干预特征,比如建设围网、定期控杀动物、为动物建设饮水点等。直至今日,很多保护区和国家公园仍然保留着人工供水的饮水点。在旱季时,动物经常络绎不绝地前来喝水。这些饮水点深受游客的欢迎,因为你只需要在不远处安坐,就可以看着动物在你的面前来来去去。

然而,人为建设的饮水点存在种种隐患。首先,建设不当的饮水点会导致一些动物溺毙或者滑跌——其中长颈鹿是高危群体,曾经发生过多次长颈鹿

马库莱基地区的抽水风车

在水泥坡上滑倒摔断脖子的事件。其次，饮水点附近由于动物的聚集和踩塌，往往会使植被构成发生重大改变。有时，水塘周围会被大量蹄子践踏得寸草不生，而一些原本"逐水而居"的动物放弃了迁徙，容易使草场加速退化。饮水点甚至会影响当地的动物构成。一些原本耐旱的动物，由于可以远离饮水点生活，本来不太容易遇到肉食动物，但在人工建设了饮水点之后，肉食动物纷至沓来，这些动物遭遇麻烦的频次就增加了。而且不少人工饮水点形成的是死水潭，里面容易滋长有毒的水藻，一些动物不慎饮用了被污染的水就会因此而得病甚至死亡。现在克鲁格国家公园基于这些原因，拆除了大部分早年建造的人工饮水点，让自然恢复原本的面貌。

保护区边界的围网

围网的建与拆

与饮水点面临同样困境的是围网。用围网把整个公园围起来,从某些方面看还是有好处的。围网隔开了国家公园内的动物与周边居民,减少了人与动物的冲突,降低了国家公园巡护、管理(特别是反盗猎)的难度。但是,围网带来的问题也很明显。首先是修建和管理维护需要大量人力物力。按2000年的物价标准,建造1千米的普通围网费用大约是1.5万兰特,以当时的汇率计算,相当于3万人民币,如果要建造电网,或者保护区地形复杂(如有山地等),价格还要往上翻几倍。

围网的设计和架设相当复杂,要考虑对各种动物的影响——有些动物会跳过围网(非洲大羚羊之类的大型羚羊能跳过2米高),有些动物(疣猪、小型羚羊和包括狮子在内的掠食动物)会从围网下面钻出去,而犀牛、非洲水牛、长颈鹿这样的大型动物会直接撞毁围网。巡护员有一项重要工作就是巡护围网,看看围网有没有遭到损坏或有没有动物因之受困、受伤。这又是一笔不小的开支。

围网直接阻断了动物的迁徙通道。首当其冲的是非洲最著名的迁徙物种——角马和斑马。克鲁格地区的西部角马种群长期遵循着自己的迁徙路线,却不得不因为围网停步。1959—1961年,为了反盗猎和防止非洲水牛携带的口蹄疫扩散,克鲁格国家公园在其西部奥利芬兹(Olifants)和萨比河(Sabie River)河之间建立了围网,结果导致大量角马、斑马、长颈鹿、大捻角羚冲撞围网而死。同时,食肉动物也立刻掌握了轻易捕食的诀窍——它们只需将猎物往围网方向驱赶即可。建完围网10年后——1972年的动物监测显示,克鲁格中部地区的角马数量减少了52%,斑马数量减少了42%。

另一种受影响的动物是大象。由于迁徙路线受到阻碍,克鲁格国家公园内的大象数量不断增长。在世界上其他地方大象都被作为旗舰动物加以保护的同时,南非却一直在想办法用控杀的方式控制大象的数量。因为大象数量过多会造成整个生态系统的改变,影响其他动物的生存。比如濒危的南非地犀鸟,它们要在树洞中筑巢才能繁殖,然而密集的象群摧毁了过多树木,也毁灭了它们抚育后代的栖息地。

现在,克鲁格解决围网问题的方案是:与周边其他的国家公园和保护区进行合并,拆除围网,进一步扩大国家公园的面积。面积2万平方千米的克鲁格国家公园与莫桑比克的林波波河国家公园、津巴布韦的戈纳雷若国家公园、马基尼保护区和马里巴特野生保护区合并,成为面积逾3.5万平方千米的跨境国家公园,未来可期总面积达到9.9万平方千米。

然而在解除围网的同时,克鲁格国家公园北部面临的盗猎压力随之上升。我们已经数次在人烟较为稀少的地区见到盗猎的痕迹——被套索勒伤脖子的斑马、斑鬣狗……甚至曾与盗猎者狭路相逢。

最危险的偶遇

遭遇盗猎者,危险程度远远超过与动物近距离接触。

事情发生在2016年的6月,马库莱基地区。那次徒步时,导师约翰走在最前面。突然,他停了下来,注视着远处,做了一个蹲下的手势,所有人都非常配合地照做了。他自己也蹲了下来,一言不发地看着那个方向,我们面面相觑。就这样蹲了近5分钟,约翰才让我们起身。所有人都露出极其疑惑的神情。约翰这才开口说:"就刚才,有几个盗猎者看到我们了!""盗猎者?"这个答案显然出乎了所有人的预料。"是的,不过他们现在已经走了。我们可以去看看他们都干了些什么。"大家保持之前的队形,继续向前走去,没有人说话,我们只是默默祈祷着不要有坏事发生。

前方,大树取代了金色的草原,树下是干燥褪色的落叶。一只假面野猪(又称林猪、薮猪)躺在血泊里。这是一种夜行性动物,生活在最茂密的灌木丛中,非常难见真容。我在南非丛林累计生活了4年,都从没见到过,没想到第一次见到时它却已经是一具尸体了。它的腹部已被切开,地上的鲜血都还未凝固,带着血的刀就在它的身边。

"盗猎者仓皇逃走,把刀都丢下了。他们害怕我们,因为我们是可以向他们开枪的。"约翰解释道,"其实让你们都蹲下来,主要是为了避免盗猎者看到我还带着学员。如果他们知道我还带着没有武器的你们,情况就不一样了,我就很难让他们害怕了,而他们也可能会利用这一点采取不同的策略。"我们这才明白,刚才那一幕,其实是盗猎者与约翰之间的心理博弈。"好在这些盗猎者非常害怕我,他们选择了逃跑。有些盗猎者带有武器,有时也会向护林员反击。"我们原以为盗猎者一般都会杀害犀牛或大象,但他们竟然连野猪也不放过？"Bush meat（丛林肉）。"约翰说，"有些人会来国家公园里找野味，他们设下圈套。"他指了指地上那些铁丝："有时甚至会套到一些大动物，比如狮子或是斑鬣狗。我现在要将这个位置的GPS定位记录下来，报告给国家公园管理处，他们会安排巡逻员在这个地区巡逻，希望能抓到凶手。"这让我想到，在中国一些地方也有类似的情况。我曾经参与过东北珲春的老虎保护项目，亲眼见过那些铁制的圈套，其中有一些还曾套到过老虎并最终造成其惨死。

那些盗猎者可能只想找一些食物果腹，他们可能因穷困而不得不以盗猎为生，但在美好的大自然中目睹这样的场景实在令人难过。其实，克鲁格国家公园一直努力与周围社区建立良好的关系，提供就业机会，让当地居民一起参与到公园的管理、保护与运作中来，但这片丛林所面临的最大的危机来自公园之外。保护它，需要全世界的努力。

约翰带着学员隐蔽在丛林中

13
羚羊的"足尖舞"

　　在保护区里，你会经常目睹动物在生死边缘"舞蹈"。草原和灌木丛林中，最常见的就是羚羊之死。它们是生命循环里美丽悲壮的一环，也是非洲大陆上的成功物种之一。

繁殖季节，生死纠缠

在南部非洲生活着超过34种羚羊，不仅有身材娇小的跳羚、黑斑羚，也有身形魁伟得超出我们普遍认知的大捻角羚、南非大羚羊，连那些被叫作"角马"的丑八怪也是羚羊的一种。

这些羚羊是丛林和草原上常见的典型猎物。比如黑斑羚就被戏称为"狮子的麦当劳"，因为它们的屁股上有三道黑线，组成了"M"的形状。虽然这个外号似乎把黑斑羚划定为狮子的"限定品"，但事实上狮子可能还嫌它们个子太小、肉不够多，豹、猎豹、斑鬣狗、胡狼、狞猫、蟒蛇，甚至雄狒狒都可能把黑斑羚抓来打牙祭。每年5月是黑斑羚的繁殖季，也是捕食者们的"美食狂欢节"。这段时间内，对繁殖的欲望胜过了一切，雄性黑斑羚在荷尔蒙的驱使下，不吃、不睡、不理毛，浑身散发着骚气，成天吼叫，除了保卫领地、与其他雄性打斗，就是和一个又一个雌性交配，结果就是每只占据领地的"老大"差不多在7～8天（运气好的能坚持到30天）之后就"功成身退"了——因为不吃不睡又耗尽了体力，它们会轻易地沦为猎物。接着，这片区域位列第二的雄性黑斑羚会再顶替上来，心甘情愿地重蹈"老大"的覆辙。

小巧的黑斑羚随时与死亡相伴，高大美丽的大捻角羚也是如此。这种壮观的大型羚羊是克鲁格国家公园的标志，雄性有着美丽沉重的螺旋形长角，平均长度1.19米，最长纪录达到1.76米！长角是性选择的结果，但也是非常沉重的负担。大捻角羚生活在丛林地带，一对弯弯曲曲的大角在树木中穿行时非常累赘。在穿过密林时，雄性大捻角羚不得不抬起头，把角放平到背上，以防被树枝挂住，没有角的雌性则能轻轻松松地穿行。雄性一般在5岁达到性成熟，此时体形尚小，基本没有繁殖的机会，直到7、8岁才能有繁殖机会，而这时

雄性黑斑羚为争夺配偶而打斗

雌性黑斑羚没有尖角

大捻角羚是克鲁格国家公园的标志，威严而美丽

它们通常也离死不远了。

与一般的认知不同，大捻角羚很少会用角来格斗。通常情况下，两只雄性大捻角羚相互一比体型大小，就可以分出胜负，长角是重要的比大小工具。只有在大小相近的情况下才会真的用上利器搏斗。这时候的战斗就很惨烈了。偶尔也会发生两只雄性在角斗中互相缠住、无法解开而双双毙命的事件。

2019年下半年的一天，我们去南非的时候，就碰到了一起这样的事故。刚进入卡隆威保护区的大门，来接我们的向导就和我们说，附近有一只大捻角羚的尸体，要不要先去看看。大型羚羊的尸体会吸引各种食肉动物，我们当然要去！

驱车赶到时，尸体边已经有一只雄豹在啃食了。向导告诉我们，这家伙是在求偶搏斗中丧命的倒霉蛋。前两天，他们外出巡视时，发现灌木丛中有奇怪的声音，和平时听到的动物穿过树丛的响动区别很大。他们深入林中一看，发现是两只大捻角羚因为打架，把四只美丽的旋角扭在了一起。其中一只在挣扎中折断了自己的脖子，整个身体僵硬地挂在那里，另一只歪着头，脑袋被尸体的重量压得直不起来，看起来也已经奄奄一息了，但还喘着气。

显然,它们已经保持这个状态有一阵子了,但所幸当时还没有被食肉动物发现。那只还没死的大捻角羚太惨了,如果不干预一下,最终一定会活活饿死。于是向导呼叫了保护区的救助中心。中心派出了十多个工作人员到现场,几个人用尽全力压在那只已经有气无力的大捻角羚身上,确保它不会跃起,一个人上前用锯子锯断了那只已经折断脖子的羚羊的长角,把死羚羊从活羚羊身上分开。完工后,大家快速撤离现场,在远处观望。眼看着那只获救的大捻角羚缓缓地站起来,慢慢踱走了,一身轻松的样子如获新生。

死去的那只则快速回归了食物链。它成了三只豹子的食物:两只雌豹先过来享用,最后,一只体型更大的雄豹过来,把雌豹赶走,自己独占了大餐——就是我们现在看到的正在用餐的家伙。接下来几天,我们眼看着这只豹子守着死羚羊,每天好吃好睡,把自己撑得圆滚滚的。

黑斑羚既吃草也吃树叶,是十分成功的物种。在克鲁格的车道边经常能看见它们。

异类跳羚的悲剧

虽然每天都有羚羊死去，但我们不得不承认它们是非常成功的物种。不同种类的羚羊有的吃草，有的吃树叶，有的草与叶照单全收，形成了层次丰富的觅食模式。即使看到它们被猎杀，我们似乎也不会觉得过于遗憾，往往更能体会到生命的壮美。但是多年前，与我们相处了短短2天的一只羚羊，却让我们难以释怀。

第一次见到这只跳羚，是在我们当时工作的保护区大门口。这家伙在离车只有几米的地方目不转睛地盯着我们看。这片区域里跳羚很多，这种身材娇小的羚羊一般都比较羞怯，见了人就撒开脚丫奔逃，而且很少独来独往。但这家伙与众不同——它的两只耳朵上都挂着牧场里常见的硕大的黄色牌子，像扇子一样噼里啪啦地甩着，显然它曾经被人豢养。

保护区经理彼得告诉我们，这是隔壁农场的主人养大的跳羚。在一次打猎中，他在一只死去的母跳羚腹中发现了这只小家伙。他把它带回家，用奶瓶喂养长大。但雄性跳羚有着为了繁殖而与同类争斗的习性，小跳羚变得越来越好斗，而且总是把人类视作同类而发动攻击。由于它频频伤人滋事，农场主就不打算再养下去了，把它赶了出来。

本来，我们也没打算去管这只捣蛋鬼，不料没过几天，它就出现在了我们的房子附近，开始骚扰动物。它把我们的邻居、经理助理马里乌斯心爱的沙皮狗辛达追得一路呜咽着逃跑。辛达是一只体形健硕的大狗，不过它平时胆子就很小，听见打雷也会吓得浑身发抖。我们看见它被羚羊追就笑话它：好好一只狼的后裔，被羚羊欺负，太丢人了。没想到，还没笑过瘾，这跳羚就向我们走了过来。

这只跳羚的耳朵上带着农场动物的标志

它在我们的落地窗外徘徊,幸好它不懂得用坚硬的头撞玻璃

　　直到这时,我们都还没有意识到事态的严重性。小虎拿了一个苹果走出家门,想要讨好它。不料跳羚竟发出像牛一样响亮的鼻息声,径直冲了过来。看到它作势要顶,小虎赶紧一把抓住它的角。没想到这种小型羚羊的力气这么大,小虎很快招架不住了,趁着扭开它长角的空隙逃回了院子。我们立刻把栅栏门关上,以防它冲进来。但跳羚并不死心,在门口不住跳跃,试图进屋。隔着栅栏,它最拿手的"冲锋"无法施展,我们感觉安全了一点,便伸手去碰它。它也不逃走,只是不停地嗅我们,和野生跳羚寻找配偶时一样,掀起嘴唇侦测气味。我们把门关上了,不再理它,但它一直都不肯走。工作时间到了,我们一出门,它又低下头朝我们直冲过来。幸好这次有了防备,我们用一根铁棒抵挡了一阵,飞也似地逃上了车。

可能它一直在寻找和过去的家类似的、有人居住的地方吧。这下好了,终于给它找到了。它也打定了主意,把这里视为它的地盘——等我们完成一天的工作回到家的时候,发现它不仅没走,而且还在忙着做记号,整个房子周围都已经被它的屎尿给围上了。

第二天早上,我们出门工作。我先上了车,小虎去测昨夜的雨量。才走到房子旁边,他忽然惊呼道:"跳羚在这里!"可他用来防身的铁棒还在车上!我拿起铁棒就赶去支援,只见跳羚已经一边吼叫着一边向小虎冲去。小虎抓住它的双角,把它的头扭来扭去,避开那锋利的尖端。看到我跑过来,跳羚立刻把注意力转向我。我虽然挥舞着铁棒,但是不敢用力,生怕把它打伤,可这跳羚却毫不留情,瞅准了一个空档,一下就顶到我的腿上,把我撞翻了。我心想这下糟了,倒在地上是没有办法抵抗的,哪怕被它的蹄子踩到,都有可能受重伤!再看跳羚,它已经低下头,用像匕首一样的角朝我猛扎了过来。眼看要给它戳个透心凉,我冒着手被戳穿的危险,不顾一切地伸手抓它的角。它竟然还不停使劲,好像铆足了劲要把我戳穿一样!小虎捡起铁棒,挥舞着引开跳羚的注意,它被打了几下之后暂时退却了。然而它做出一个令人发指的动作——在旁边的一棵灌木上磨它的角!磨刀霍霍啊,看来它心里很不服气,是铁了心要和我们决一死战了。

我们和这只疯羊继续打下去也没有什么意思,就想找个空隙回车上去。不料跳羚不屈不挠,倒退几步,给自己留下一个助跑的空间,然后把头一低又朝我们冲了过来。这回冲过来的力量大了很多,而且看样子它也豁出去了,不管怎么挨打,也毫不退却。小虎被狠狠地顶了一下,虽然没有摔倒,但是手上的皮都挑破了,一下子出现了5个流血的伤口。我们两个人且战且退地逃到了车上,跳羚一路追逐,我们的车门就在它的鼻尖前面"砰"的一声关上了。

这时我们才有空看自己有多狼狈:我满身是泥,小腿被跳羚的角划破老长一条口子,幸而不算很深,可是身上、手上被跳羚的头撞到的部分都肿了。小虎更惨,手不停流血,伤口惨不忍睹。

结束工作后的回家路上,我们开始讨论该怎么办。我们的家已经被这个疯小子蹲点守住了。与跳羚PK了才知道,它虽然看上去体形不算大,但力气和速度还是超过我们的。而且这些食草动物的头部简直就是盾牌和武器的完美结合,只要它头一低,根本不可能打到要害,身体完全处于尖角的保护范围内。此外,它的头部也很坚实——昨天跳羚被小虎打到一下鼻梁,发出"砰"的一声。小虎自己还担心是不是打得太重呢,它却一点反应也没有。显然,这些部位都是专为打斗特别"设计"、加固的,本来都是为了求偶争斗进化而成的装备,现在这只跳羚却拿来对付人类了。

这是一个人类不适当地哺育野生动物的例子:它被人养大,因此理所当然地把人视为同类,它既希望得到人类的陪伴,又把人类视为同类中竞争的对手,因此,它无可避免地变成了问题动物。它心中所想的就是打败同类、建立自己的地位和领地,它在自然界中原本就是这样生存的,这是本能。但在人类的豢养之下,它与真正的同类的竞争能力下降了,却把目标转向人类——和很多动物比起来,人类是更容易对付的对象。

最终,保护区经理不得不击毙了这只天天"追杀"工作人员的跳羚。对它来说,人的住所才是它的领地,它至死也不会明白自己做错了什么。我想象着这只跳羚小时候喝着奶瓶的情景。它怎么也不会想到,三年之后会被人类射杀。

被人工豢养过、形成了印痕行为的野生动物,即使能回到野外也很难幸福。

水羚屁股上有个大白圈，非常好认

丑萌丑萌的角马其实是大型羚羊

14
土狼之家

　　跳羚事件让我们深刻地认识到了豢养野生动物的弊端，但真的遇到需要救助的动物，我们却无法装作没看见。由于机缘巧合，我们成了土狼宝宝的代理父母。

从死亡里诞生

一天,在我们保护区外围的一个农场里,捕兽夹夹到了一只土狼。这里的农场主为了防范黑背胡狼,在牧场边界上放置了大量捕兽夹。这种夹子威力极猛,一旦触动机关,两排铁牙便毫不留情地瞬间关闭,力量足以折断骨头。事发地点就在路边,一只雌性土狼前腿被捕兽夹夹断了,骨头都露了出来。

从土狼奄奄一息的样子看来,受伤已经超过24小时了。要救活它是没什么可能了。即便能救回去,我们也没法养活这仅以白蚁为生的动物,唯一能做的就是早点让它解脱。接着便是地狱般的场面:保护区经理彼得开了三枪,它才断气。它死后,我们发现它腹部仍在蠕动,原来它已经临产了。剖开肚子,里面是三只小土狼,毛和爪子都已经长全了,眼见着它们的肚子一鼓一鼓地开始呼吸起来。在场的几个人都不忍心就这样把它们放着等死,于是我们把脐带扎好剪断,把它们包在毛巾里带了回来。

小土狼长得很难看,整个脸都皱在一起,小到可以躺在手掌上。我们小心地看一下性别:一男二女。一路上它们虚弱无力地在毛巾里面攀爬着,寻找乳头。接下来就是一团手忙脚乱,所有的人都来帮忙。保护区的联络经理罗纳尔送来很多消毒药水和喂食用的针管之类的东西,还打电话问兽医,确定了小土狼最初的食谱;丽莎开车出去,向附近农场要来了刚挤的鲜牛奶,我们则在家里用纸箱做了小巢。

小土狼需要24小时看护,差不多每一个半小时就要喂一次奶。喂奶用具都要经过消毒,每次喝下的量都要统计和记录,喂完奶以后还要换热水袋、刺激排便,等等。整个操作一遍,全过程要三刻钟,也就是说,再过三刻钟,下一轮循环就又要开始了。

刚出生的小土狼丑丑的，只有巴掌大

对土狼的误解 ——

土狼（aardwolf）是一种被广泛误解的生物。以前动画片《狮子王》因为翻译的错误，把斑鬣狗（spotted hyena）翻译成了"土狼"。当我们和亲朋好友说"我们救助了几只土狼"的时候，引来的一致反应是："你们怎么养那么恐怖的东西？"

其实，土狼虽然与鬣狗同属一科，却是其中比较特异的一种。它们仅有斑鬣狗的三分之一大，以白蚁为食，并且能将白蚁分泌的化学物质转变为自己身上的气味，以此引起其他食肉动物的厌恶而保护自己。这是一种昼伏夜出、与世无争的动物。

最初的48小时对土狼宝宝来说是最危险的，我们非常紧张。因为目睹土狼妈妈的惨死，我们想要养活这几只小家伙的心情特别迫切，总觉得要是连孩子都没能救活的话，土狼妈妈会死不瞑目。但彼得和罗纳尔也提醒我，小土狼没能吃上初乳，没有妈妈的抗体，抵抗力会非常差，我们必须随时有心理准备接受它们的离去——这三只土狼能够活下一只，便是万幸了。

我们给每只土狼都起了两个名字，一个中文名字，一个英文名字——那只最大的"男孩"取名为小狼·Spike，颜色比较深、看上去比较体弱的"女孩"叫阿土·Lucy，还有一只有着漂亮浅色斑纹的"女孩"则叫乖乖·Blondie。

当天下午2点，小家伙们第一次进食，当晚10点，乖乖第一次排便，但另两只却似乎便秘了，我们怀疑是用了牛奶的关系。其实狗奶粉更适合它们，可是恰巧这天是南非的公共假日，所有的商店都关门，我们无计可施，只好守着这一窝不停尖叫的小家伙，不眠不休地熬了一天。

第二天，终于等来了狗奶粉。可没高兴几小时，新的状况又出现了：土狼们在没有刺激的情况下自行排出了黄色的软粪，而且排便次数越来越频繁，粪便形态也越来越稀薄！这可把我们吓坏了，赶紧打电话给兽医，得到答复说，这种情况可能是由于改变食物的关系，要我们安心等待48小时，症状可能自行消失。安心？怎么可能？它们排便排得那么多，连体重都下降了，怎么让人不担心呢？接下来，我们除了照顾土狼之外，就是用那个半自动洗衣机拼命地洗它们用的毯子。

又过了一天，正常形状的粪便终于开始重新出现了，土狼的食欲也变得很大，有时甚至可以一口气喝下9毫升奶，这是它们刚开始喝奶量的3倍。有养育狞猫经验的彼得和罗纳尔给我们指出，一天总量不应该超过体重25%，否则这些不知轻重的小家伙会有把肚子吃爆的危险。于是，我们把每次喂奶的量限制到了7毫升。

带小家伙们出去散步

这是小土狼长大了一些后的模样，比刚出生时漂亮多了

　　小土狼们吃起来奶来好像饿死鬼投胎一样，每次都一副急不可待的样子，甚至有好几次因为吃得太急、透不过气来而"死机"，浑身发软，心跳暂停，就像死了一样。帮助我们一起喂养小土狼的丽莎第一次遇上这个情况，吓得要命，立刻就把土狼给送了回来。好在一般这情形持续时间不长，还不等我们求助，小土狼又会慢悠悠地醒转了过来。唉，怎么吃奶也能吃成这样子。

　　随着小土狼的成长，喂食的间隔稍微变长了一点，现在它们已经可以坚持3个小时不喝奶了，我们终于可以腾出一点时间做别的事情了。

　　几天后，我和丽莎给小土狼逐个喂完奶，就开车出去买补给。万万没有想到，在回来的路上，和上次几乎一模一样的惨剧又重现在眼前。仍然是这个地方，仍然是这样的铁夹，把一只雄性土狼夹在那里。土狼是成对生活在一块领地里的，在同样的地方夹到雄土狼，十有八九就是我们收养的小家伙的爸爸了。

　　丽莎通知了彼得，但当我们听见彼得的意思仍然是要把它杀掉时，我们两个人都慌了。谁也不想再目睹一周前的那一幕。于是我们自作主张，爬过

野生土狼很少有人能遇见

围网,用毯子把土狼固定住,试图掰开夹住它后腿的铁夹。但铁夹实在是太紧了,怎么也掰不开。这时我们也发现,土狼的后腿其实已经完全断了,连着的只有肌腱而已,于是我就拿了一把刀,咬着牙把肌腱切断,然后在伤口上喷了农场主用来给羊断尾的消毒喷雾。土狼虽然一开始吼叫挣扎得很厉害,而在我把它的腿切断的时候,却一声不吭,也许是疼得麻木了。我们一放手,它便拖着残废的腿,一瘸一拐地向远处的草原奋力跑去。彼得赶到的时候,它已经跑得无影无踪了。因为这件事情,我们两个人都被狠狠批评了一顿,我们当场眼泪都掉下来了。

　　其实,彼得所说的我都能理解。土狼并不是一种很能抵抗外伤的动物。它们的种内竞争太厉害了,一只受了重伤的土狼,不可能战胜时刻觊觎着领地的邻居,而一旦被逐出了自己的领地,它们就根本没处觅食了,最后只能在痛苦和饥饿中慢慢死去。我们的好心,其实是做错了。但我们谁也无法给土狼爸爸一个更好的选择。

新生命探索世界

10天以后，小土狼们逐渐睁开了眼睛。它们仍然很不好看，眼睛只有一条缝，动作也十分无力，经常做出一些匪夷所思的举动，看起来就像是一群小傻子。小狼是其中最虚弱的一个，有一次甚至像面瘫一样，整个脸都歪了，把我们吓得半死。好在它们总算不会再因为喝奶喝得太急而昏死过去了。我们开始把它们带到室外草坪上散步。小家伙们充满新鲜感地四处乱爬——实际上看起来更像是在蠕动，它们一个个肚皮贴地，使劲伸展腿脚在地上"划"，推着身体前进，非常搞笑。

到了第三周，小土狼吻部往外凸出，开始变得有点像狗了。有意思的是，土狼好像也有印随行为，总是寸步不离地跟在我身边，偶尔停下探索一下旁边，但从不会走出我身边半径5米的范围，仿佛一看不见我这个"妈妈"，就很担心似的。

它们现在不需要人工刺激就能自主排便了。我们在家里给它们装了个猫砂盆，它们很快就学会在里面排便了，不过它们刨起砂子来甚是威猛，常常把砂子刨得到处都是。它们其实更喜欢在散步时解决排泄问题，每次出门没走几步，就纷纷开始各自找地方拉屎拉尿。常常是一只土狼找好了位置、开始用力的时候，另一只凑在它身后使劲嗅，然后转过身，和伙伴拉在同一个地方。

散步时，我得特别照顾小狼，它的体质明显不如另外两只，总是落在后面，累得口水横流。往回走的时候，阿土和乖乖一看见房子，就知道到家了，兴奋地朝家里冲去，而小狼仍在后面几步一停地挪动。我只好陪着它慢慢地走。往往我们到家的时候，另两只都已经在家等半天了。

小土狼终于可以在地面上飞跑了

它们喜欢在同一个地方拉便便

土狼们喜欢户外活动,在家里呆呆的,一出门就生龙活虎

　　土狼长大的速度十分迅猛,过去用的小奶瓶已经不能满足它们的胃口了。我们换上了大一号的奶瓶和奶嘴。像往常一样,任何一种变化都会让它们有些不适应,几只土狼的进食量在这之后变得忽高忽低。过了一阵子之后,小狼和乖乖逐渐恢复正常,阿土却一直没有调整过来。

　　有一天早上,阿土拒绝进食,但又显得很饿,不停在门口徘徊,我一个没留意,它就钻到冰箱后面去了,在后面待了好几分钟。我把它弄出来以后,过了半个小时,它不会走路了,跌跌撞撞的,还撞到了墙上,好像看不清楚东西似的。下午情况似乎更加恶化了。丽莎打电话给兽医,但今天又是一个周六!在南非,周末是没有人上班的!后来终于联系到了城镇里治疗马匹的兽医,把阿土送了过去。

　　我们在家里惴惴不安地等待着,心中已经有了不祥的预感。

　　近21点的时候,丽莎红着眼睛回来了。兽医诊断阿土得了犬瘟热,给它打了活疫苗,但虚弱的阿土不能抵抗活疫苗的毒性,在回来的路上就死了。

　　丽莎一边和我们说,一边哭得稀里哗啦。但我却没有流泪。从一开始我

要奶吃的时候,小土狼的眼神让人完全没有抵抗力

们就做好了随时失去它们的心理准备。现在还有两个小家伙要照顾,与其为死去的阿土哭泣,不如把更多的精力放在它们身上。犬瘟热是十分凶险的病症,如果不及时把阿土接触过的地方全部消毒,另两只土狼也面临着被传染的危险。

我们连夜动手消毒。我们扔了地毯,用消毒水擦洗整个育儿室和厨房的地面,彻底清洗了食盆,还把小狼和乖乖周身擦了一遍。接下来,还要提心吊胆地过上三天,因为犬瘟热的潜伏期是三天。丽莎在带阿土看病时就请兽医帮忙预订灭活疫苗,但由于是双休日,从接到订单到疫苗送来,最快也要周二、周三。

第二天,我们把阿土和它用过的毯子一起焚烧,它就像一个真正的野生动物一样消失在土地里了。

疫苗到了,这几天小狼和乖乖并没有表现出任何症状。它们对阿土的离去也没有什么表现,甚至好像没有意识到少了一个同伴。也许在土狼的世界里,要一窝小崽全部存活下来,本来就是不现实的期望。

离家"当老师"

随着土狼一点点长大，我们要考虑它们将来的问题了。我们以后是要回国的，不可能一直养着它们，也不能等它们和我们建立了深厚的感情以后再抛弃。它们要么学会野外生存技巧，放归我们保护区，要么早日离开我们，到可以更加长久地照顾它们的人那里去。

最好的选择当然是野化放归。但我一开始就对此没有抱多大的希望。这两个小家伙除了可爱一无所有，要怎样才能野化呢？

这天下午散步的时候，我带着铲子，把小狼和乖乖带到附近的白蚁冢旁，用铲子把坚硬的白蚁冢挖开，让它们闻闻。但是两个小家伙看上去一点兴趣也没有。我捉了几只白蚁送到它们嘴边，它们也不吃。我甚至都把嘴凑到白

乖乖长成了大美女

小狼、乖乖和阿土挤在一起晒太阳

蚁洞前面去示范给它们看了，它们不仅不理睬我，还用看傻瓜的鄙夷眼神看着我，好像在说"你到底在干什么啊？"最后两只土狼竟然都靠着白蚁冢睡着了，让我感觉自己很没面子，真是气死了。

我们的土狼已经9周大了，可还没有学会自己吃东西呢。它们现在已经不喝奶了，吃的是狗奶粉加上牛肉糜、鸡蛋做成的混合物，可只要不是奶瓶，它们就碰也不碰。看来当务之急是要让它们学会自己进食。

第一次尝试，我们饿了它们24小时，直到晚上10点才给它们喂了100毫升狗奶粉混合物。第二天，又饿了一天。但两只土狼宁死不屈，怎么也不肯从碗里吃饭，它们舔遍了整个房间，就是不肯沾一下放在碗里的食物。罗纳尔也很关心情况，不时打电话过来问"吃了没有？"但它们始终不吃。不仅不吃，两个小家伙还拼命对我们撒娇、装可爱，真让我备受煎熬。罗纳尔过来看它们，它

小狼看到"爸爸"，立刻就认出来了

们就端坐在墙角里，眼巴巴地看着他——罗纳尔最受不了它们这个动作。最后没有人能抵抗得住这两个小家伙的卖萌攻击，终于在第二天晚上又拿起奶瓶给它们喂食。

连断奶都不行，野化当然更没有希望。没有办法，我们只好联系了开动物园的朋友艾迪，让他来接管这两只土狼。

我们和土狼最后又相处了两周，它们就被动物园派来的人接走了。虽然知道对它们而言这是更好的选择，可是每当工作完毕，看到空荡荡的家，都会想起小家伙与我们相伴的时光，想起它们欢快地奔向我们的样子，想起一人带着一只土狼回家的温馨，想起晚上它们和我们一起坐在沙发上看电影……那些无比热闹的回忆总是让我不由自主地落泪。

　　我们始终和动物园的主人艾迪保持着联系，从他口中打听小狼和乖乖的近况。他抵抗住了这两个小家伙的卖萌，抵抗住了动物园里所有人的一致抗议，把这两只土狼饿了3天，结果终于让它们摆脱了奶瓶。断奶之后，它们不仅能够从碗里取食，也能探索着挖白蚁吃了。现在给它们的主食是一种特制的狗粮，每过一段时间它们还能得到一个白蚁冢当点心。

　　令人高兴的是，这两个一点也不怕生的小家伙，不久之后就成为了动物保护教育的使者——艾迪的动物园一直担负着约翰内斯堡和比勒陀利亚多个学校的教育任务，他们经常带着小动物，到学校里现场展示给学生看，通过讲述它们的故事，让人们了解这些动物现在面临的危险，以及保护它们的方法。小狼和乖乖也参加了这样的活动，这种隐秘少见却又如此可爱的动物，一下子就吸引住了孩子们的目光。

　　借由人们的口述和笔端，不能说话的小狼和乖乖说出了自己的故事，说出了发生在它们父母身上的悲剧，并且告诉人们，他们完全可以避免这些悲剧再次发生。此后，我们的保护区也一直和周边的农场合作，开展各种教育活动，并且用不会给动物造成伤害的夹子换掉了以前那些可怕的铁夹。

　　几个月后，我们去艾迪的动物园，再次见到了这两只土狼。它们显然还记得我，甚至还对我发出像小时候一样的乞食声。它们生活在一个很大的笼舍里，和一只蛇鹫共享一片草地，体型已经完全是成年土狼的样子了。它们也像成年土狼一样，稍一紧张，就会竖起背上长长的鬃毛，"呼"地一下把自己的体型扩大一倍。就像人一样，进入青春期以后，野生动物也会在性格上经历一场剧变。小狼因为从小身体虚弱，对人的依赖比较强，所以成年后性格变化不大，仍然很听话，乖乖却已经会咬人了。小虎后来去看它，它张口正要咬，突然好像认出了自己的"爸爸"，竟然住了口。

　　霎时间，我们热泪盈眶。

狮子的一生会经历很多坎坷，无忧无虑的童年十分短暂

结语

我们想要成为真正的旅行者,在用脚步丈量世界的同时,不断叩问自己的内心。我们幸运地找到了那些志同道合的朋友。我们期待着与寂寂荒野相遇,和更替的四季相逢,和大地上任何一种生物相识,在无数邂逅中交换经验和感悟。

来自瑞士的冯,不满足于简单的游猎体验,一路过关斩将,考出了南部非洲自然向导协会三级证书,成为了生态训练营的大象专家。他认得营地附近每一头非洲象,并能用自己的方式和它们交流。当一头好奇又顽劣的年轻雄象向正在徒步的我们走来时,所有人都吓得僵立不动,而冯只是举起他的帽子,就让大象退后让开了道路。

来自英国的本,原来读的是心理学专业,在一段循规蹈矩的工作经历之后,27岁的他来到非洲,留在这里做起了全职自然向导。他不仅考出了三级向导证书,拿到了徒步导游证书和观鸟导游证书,还在非洲找到了自己的人生伴侣。如今,他已成为培训自然向导的导师,正在为这个领域培养更多的新生力量。

他们两人都因一次旅行,彻底改变了生活轨迹。对大自然的全面感知和深入了解,刷新了他们的世界观。他们留在这片古老的大地上做导师,并不是为了在学员面前耍酷,而是想要用自己的工作,引导人们真正去了解自然,保护自然。

这才是我认为有意义的旅行。一场真正的旅行一定会带来某些改变,不仅改变我们自身,更能促使我们去改变世界。有的人选择成为自然向导,有的人启动或参与当地的志愿项目,有的人选择在旅行过程中为科研提供数据……哪怕仅仅是和更多人分享如何负责任地深入自然、欣赏自然,都会为保护这个野生世界增加一点力量。

所有的努力都是有价值的。

我们仍在路上,与君共勉。

保护区边界的栅栏、车与猎豹，似乎正暗喻着大多数野生动物的现状

致谢

感谢本书编辑陈怡嘉,她和我们一样热爱非洲。是她融合了我们俩风格迥异的文字,赶走了盘在金蛋上睡觉的龙。没有她的鞭策我们这本书永远也出不来。

感谢陈丽为本书提供插画,本书中的主人公的相貌、脾性各异,给绘画造成了巨大挑战。感谢她不厌其烦地一遍遍修改,最终完成了这么美丽的作品。

感谢我们在荒野中的启蒙老师Peter、Ronel和Liesl,感谢收养我们小土狼的Eddie,感谢南非生态训练营的创始人Anton Lategan和自然导师Norman、Jerry、Mark、Luke、Jason、Harry、Sean、Daniel、Kiefer、Johann、David、Rhodes带领我们深入丛林。

感谢所有与我们一同步入非洲的队友,是你们的勇气成就了这些精彩的旅程。尤其感谢叶晖为我们补充故事、方敏提供照片。感谢唐敏、金迪、张珏、叶晖、朱雯颉、苏珊、王顺华、孙红、徐秀玲、顾雯、金霞囡、杨凌燕、黄燕玲等几位朋友愿意在本书中露出倩影。